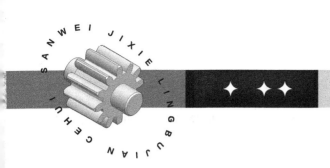

三维机械零部件测绘

郭 凤 杜永军 主编
周瑞芬 审

化学工业出版社
·北京·

内 容 简 介

《三维机械零部件测绘》根据现代工程图学课程教学体系的要求及最新的《机械制图》《技术制图》等相关国家标准，为培养高素质创新型机械制造专业人才，在总结和汲取多年教学改革经验和成果的基础上编写而成。《三维机械零部件测绘》将传统机械零部件测绘与三维建模相结合，介绍了机械零部件的测绘方法和步骤，常用测绘工具的使用方法，常见零件结构及其表达，一级圆柱齿轮减速器测绘、齿轮油泵测绘及零件建模、装配及工程图等方面的知识。

本书所选案例经典，可作为高等学校工科机械类、近机械类和非机械类专业零部件测绘实践课程指导用书，也可作为机械制造工程技术人员参考用书。

图书在版编目（CIP）数据

三维机械零部件测绘/郭凤，杜永军主编．—北京：化学工业出版社，2021.7
ISBN 978-7-122-39072-1

Ⅰ.①三… Ⅱ.①郭… ②杜… Ⅲ.①三维-机械元件-测绘 Ⅳ.①TH13

中国版本图书馆CIP数据核字（2021）第080760号

责任编辑：李玉晖　　　　　　　　　　　　文字编辑：林　丹　徐　秀
责任校对：刘曦阳　　　　　　　　　　　　装帧设计：刘丽华

出版发行：化学工业出版社（北京市东城区青年湖南街13号　邮政编码100011）
印　　装：北京印刷集团有限责任公司
880mm×1230mm　1/16　印张 8¼　字数253千字　2021年8月北京第1版第1次印刷

购书咨询：010-64518888　　　　　　　　　售后服务：010-64518899
网　　址：http://www.cip.com.cn
凡购买本书，如有缺损质量问题，本社销售中心负责调换。

定　　价：39.00元　　　　　　　　　　　　　　　　　　　版权所有　违者必究

前言

本书是根据现代工程图学课程新的教学体系的要求及最新的《机械制图》《技术制图》等相关国家标准，为了培养高素质创新型人才，在总结和汲取多年教学改革经验和成果的基础上编写而成。

本书将传统机械零部件测绘与三维建模相结合，介绍了机械零部件的测绘方法和步骤，常用测绘工具的使用方法，常见零件结构及其表达，一级圆柱齿轮减速器测绘、齿轮油泵测绘及零件建模、装配及工程图等方面的知识。通过本书的学习和实践，读者不仅在读图、绘图、测绘和查阅技术文献等方面得到全方位的综合训练，提高综合运用所学知识分析和解决实际问题的能力，而且在三维实体建模、装配体及工程图等方面也会受益匪浅。

本书在编写中力求做到语言精练，图文并茂，内容全面，指导性强。根据内容特点，在减速器建模、装配体及工程图等部分采用了图文对照的编写方式，直观明了，避免了长篇叙述、图文分离给阅读带来的麻烦，使读者学习更加方便。

本书可作为工科高等学校机械类、近机械类和非机械类各专业测绘指导用书，也可作为工程技术人员参考用书。

本书由东北石油大学郭凤、杜永军主编，吕雅平、祝娟副主编。

参加编写的有（按所编写的章次排序）：郭凤（绪论、第六章第一、二、五节）、杜永军（第一章、第四章），吕雅平（第二章、第三章，第五章第三节），祝娟（第五章第一、二、四节），王妍、杨蕊（第六章第三、四节）。

全书由东北石油大学周瑞芬教授审稿。

本书在编写过程中，得到了东北石油大学制图教研室多位老师的帮助和支持，王春华教授、关丽杰教授、杜秀华教授提出了许多宝贵意见，在此表示衷心的感谢。

由于编者学识水平有限，书中难免有不妥之处，欢迎读者批评指正。

编 者
2021 年 6 月

目录

绪论 / 1

    一、测绘的目的和任务 ··· 1

    二、测绘的要求 ··· 1

    三、测绘的内容及时间安排 ··· 2

第一章　零部件测绘的方法、步骤及注意事项 / 3

    第一节　零部件测绘的方法和步骤 ·· 3

    第二节　零部件测绘时的注意事项 ·· 5

第二章　测量工具及其使用方法 / 6

    第一节　测量工具 ·· 6

        一、测量工具的种类 ··· 6

        二、常用测量工具的使用方法 ··· 6

    第二节　测量方法 ·· 7

        一、测量线性尺寸 ·· 7

        二、测量直径尺寸 ·· 7

        三、测量壁厚 ··· 8

        四、测量孔中心距 ·· 8

        五、测量中心高 ··· 9

        六、测量圆角 ··· 9

        七、测量角度 ·· 10

        八、测量曲线或曲面 ··· 10

        九、测量螺纹 ·· 10

        十、测量齿轮 ·· 10

第三章　绘制草图的方法 / 12

    一、徒手绘图的基本要求 ··· 12

    二、徒手绘图的基本方法 ··· 12

    三、目测比例的方法 ·· 13

    四、绘制零件草图的方法 ··· 13

第四章　一级圆柱齿轮减速器测绘 / 15

    第一节　减速器的基本知识 ··· 15

        一、齿轮、轴及轴承组合 ·· 15

        二、箱体 ··· 18

        三、附件 ··· 19

第二节　减速器的装配示意图 ·· 20
　　　　一、减速器装配示意图的视图表达 ··· 20
　　　　二、零部件编号 ··· 21
　　第三节　减速器测绘零件及视图表达 ··· 21
　　　　一、箱盖 ··· 21
　　　　二、箱体 ··· 23
　　　　三、输出轴 ·· 23
　　　　四、齿轮轴 ·· 26
　　　　五、齿轮 ··· 26
　　　　六、透盖 ··· 26
　　　　七、其它零件 ··· 28
　　第四节　减速器装配图 ··· 29
　　　　一、确定表达方案 ··· 29
　　　　二、画装配图的步骤 ·· 30

第五章　齿轮油泵测绘 / 48

　　第一节　齿轮油泵的基本知识 ·· 48
　　　　一、齿轮轴 ·· 49
　　　　二、泵盖和泵体 ·· 49
　　　　三、限压装置 ··· 49
　　　　四、附件 ··· 50
　　第二节　齿轮油泵的装配示意图 ··· 50
　　　　一、齿轮油泵装配示意图的视图表达 ··· 50
　　　　二、零部件编号 ·· 50
　　　　三、拆卸顺序 ··· 50
　　　　四、明细表 ·· 51
　　第三节　齿轮油泵测绘零件及视图表达 ·· 51
　　　　一、泵盖 ··· 51
　　　　二、泵体 ··· 52
　　　　三、主动齿轮轴 ·· 52
　　　　四、从动齿轮轴 ·· 57
　　　　五、其它零件 ··· 57
　　第四节　齿轮油泵装配图 ·· 57
　　　　一、确定表达方案 ··· 57
　　　　二、画装配图的步骤 ·· 57

第六章　齿轮油泵建模 / 74

　　第一节　零件建模 ··· 74
　　　　一、泵盖和泵体的建模方法 ··· 74
　　　　二、主动齿轮轴和从动齿轮轴的建模方法 ··· 84
　　　　三、调压螺塞、弹簧及钢球的建模方法 ·· 88
　　　　四、压紧螺母和填料压盖的建模方法 ··· 91
　　　　五、垫片、填料及堵头的建模方法 ·· 93
　　　　六、标准件的建模方法 ··· 93
　　第二节　零件工程图 ·· 94
　　第三节　装配体建模 ·· 105
　　第四节　爆炸视图 ··· 111
　　第五节　装配体工程图 ··· 112

参考文献 / 125

绪 论

对现有的机器或部件进行测量，画出零件草图，然后绘制装配图和零件图的过程称为测绘。在生产实践中测绘是获取技术资料的一种重要途径和方法，常应用于机器设备的仿制、维修或技术改造工作中。因此，测绘是机械工程技术人员必须掌握的基本技能。

一、测绘的目的和任务

1. 测绘的目的

零部件测绘是机械制图课程教学内容的重要组成部分，是理论联系实际的实践教学环节。根据课程的性质，零部件测绘安排在机械制图课程理论教学结束后进行，测绘时间为一周或两周。

零部件测绘要求学生把机械制图理论知识以及与图样有关的机械设计和制造工艺方面的初步知识运用到实践中，实现理论与实践的结合，使学生在读图、绘图、测绘和查阅技术文献等方面得到全方位的综合训练，全面巩固和加深所学的理论知识，并提高综合运用所学知识分析和解决实际问题的能力。通过零部件测绘课程的学习，学生应掌握测绘的一般程序和步骤；掌握常用测量工具的使用及测量方法；掌握零件图、装配图的绘制方法；掌握尺寸标注、公差与配合、粗糙度及其它技术要求的标注方法；初步了解有关机械结构方面的知识；具备正确使用手册、标准、规范等参考资料的能力，工程意识和绘制草图、工程图的能力，应用三维软件建模及生成工程图的能力，为后续课程设计及毕业设计打下扎实的制图基础。

测绘工作是一件既复杂又细致的工作，其中大量的工作是分析机件的结构形状，确定表达方案，画出图形，准确测量尺寸，正确标注尺寸，弄清并制定出技术要求等。通过零部件测绘，培养学生严谨细致、一丝不苟的工作作风和与他人合作的团队精神，为学生将来走向工作岗位打下坚实的基础。

2. 测绘的任务

（1）绘制装配示意图。
（2）分析拆卸部件，画出零件草图。
（3）根据零件草图和装配示意图，画出装配图。
（4）零件建模、装配体建模。
（5）生成爆炸图、工程图。

二、测绘的要求

（1）认真阅读测绘指导书，明确测绘的目的、任务、要求、内容、方法和步骤。
（2）认真复习与测绘有关的内容，如视图表达、标准件和常用件、零件图和装配图等。
（3）正确地使用常用的测量工具。
（4）熟练地查阅有关的数据资料。
（5）了解有关齿轮减速器或齿轮油泵的基本知识。
（6）认真绘图，保证图纸质量，所绘制的图样应该做到：
① 表达方法恰当、简明。
② 投影关系正确。
③ 作图准确、图线规范。

④ 尺寸标注正确、完整、清晰、合理。
⑤ 图面整洁。
(7) 注写必要的技术要求，包括表面质量要求、尺寸公差、几何公差及文字说明等。
(8) 按指导教师的要求，在规定的时间内独立认真地完成各阶段的任务。

三、测绘的内容及时间安排

1. 一级减速器

第一天：布置一级齿轮减速器测绘任务、绘制减速器装配示意图、拆卸零件、标明拆卸顺序、徒手绘制零件草图；

第二天：绘制小零件草图；

第三天：绘制上箱草图；

第四天：绘制下箱草图；

第五～七天：绘制装配草图；

第八～九天：绘制零件图；

第十～十一天：绘制装配图；

第十二天：整理、装订、交图。

2. 齿轮油泵

第一天：布置齿轮油泵测绘任务、绘制齿轮油泵装配示意图、拆卸零件、标明拆卸顺序、徒手绘制小零件草图；

第二天：绘制泵盖、泵体零件草图；

第三天：零件建模、装配体建模、生成爆炸图和部分零件的工程图；

第四天：绘制装配工作图或由装配体生成装配图；

第五天：绘制零件工作图，整理、装订、交图。

第一章

零部件测绘的方法、步骤及注意事项

第一节 零部件测绘的方法和步骤

1. 了解和分析部件

首先，了解测绘零部件的任务和目的，确定测绘工作的内容和要求。如为设计新产品提供参考图样，测绘时可对其进行修改；如为了补充图样或制作备件，测绘时必须正确、准确，不得修改。然后，要对零部件进行分析研究，了解其用途、性能、工作原理、结构特点以及零件间的装配关系，并检测与技术性能指标相关的一些重要的装配尺寸，如零件间的相对位置尺寸、极限尺寸及装配间隙等，为下一步的拆装和测绘工作打下基础。了解的方法是现场观察、研究，分析该部件的结构和工作情况，阅读有关的说明书和资料，参考同类产品的图纸，以及直接向工人师傅广泛了解使用情况和修改意见等。

2. 绘制装配示意图

装配示意图是在部件拆卸过程中所画的记录图样。一般是一边拆卸，一边画图。它的主要作用是避免由零件拆卸而可能产生的错乱，致使重新装配时发生困难，同时在画装配图时亦可作为参考。装配示意图主要记录每个零件的名称、数量、位置、装配关系及拆卸顺序，而不是整个部件的结构和各零件的形状。在示意图上应对每个零件进行编号（要和已拆卸零件标签上的编号一致），还要确定标准件的规格尺寸和数量，并及时标注在示意图上。

装配示意图的画法没有严格的规定，一般用简单的图线，按国家标准机械制图规定的机构及组件的简图符号，并采用简化画法和习惯画法，画出零件的大致轮廓。画装配示意图时，一般可从主要零件入手，按装配顺序把其它零件逐个画出。画图时可把部件看作是透明体，不受前后层次、可见与不可见的限制，两零件之间应留间隙，尽可能把所有零件集中画在一个视图上，如果一个视图不能将所有零件表达清楚，也可以画在其它视图上。

3. 拆卸零件

研究拆卸顺序和方法，对不可拆的连接和过盈配合的零件尽量不拆，以免损坏零件。拆卸时要用相应的工具，保证顺利拆卸。拆卸时要保证零件完好，并将各零件按标准件、常用件和一般零件进行分组，妥善保管，避免碰坏、生锈或丢失，以便测绘后重新装配时仍能保证部件的性能和要求。拆后将所有的零件、部件进行编号登记，并注写零件名称，对每个零件应挂一个对应的标签。

4. 绘制零件草图

测绘往往受时间和工作场地的限制，因此，要先用徒手、目测比例的方法画出各个零件的草图，然后根据零件草图和装配示意图画出装配图，再由装配图拆画出零件图。零件草图是画装配图和零件工作图的主要依据，不能认为草图是"潦草的图"。零件草图的内容和要求与零件工作图是一致的，它们的主要区别是绘图方式不同。

绘制零件草图时应该做到表达完整、线型分明、尺寸齐全、字体工整、图面整洁，并要注明零件的名称、件数、材料以及必要的技术要求。

5. 测量和标注尺寸

在零件草图视图表达完成后，首先应确定需要标注哪些尺寸，然后按照零件图尺寸标注的基本要求，正确、完整、清晰、合理地画出所有尺寸的尺寸线和尺寸界线，再用测量工具集中测量所要标注尺寸的数值。

测量尺寸时应注意以下几点：

（1）相互配合的两零件的基本尺寸应一致。

（2）对于一些重要的尺寸，测量后还需通过计算来确定，如箱体上安装传动齿轮的中心距，要与齿轮计算的中心距一致。

（3）没有配合关系的尺寸或不重要的尺寸，允许将测量所得尺寸做适当调整。如测量尺寸为小数，可圆整为整数。

（4）已标准化的结构，如倒角、圆角、螺纹退刀槽、砂轮越程槽、中心孔、键槽等，其结构尺寸需查阅有关标准确定。

（5）零件上与标准零部件（如滚动轴承等）相配合的轴或孔的尺寸，应根据标准零部件的型号查表确定。

6. 确定并标注有关技术要求

零件图中必须用国家标准规定的代（符）号和文字，标注或说明零件制造、检验或装配过程中应达到的各项技术要求，如表面结构、尺寸公差、几何公差、热处理、表面处理等要求。

技术要求的确定需要较多的机械设计和加工工艺方面的知识，这些知识将在后续课程中学习。

7. 绘制装配草图

（1）剖析、了解所画的对象。在画装配草图之前，需要对所画的对象有深入的了解。在进行产品设计时，应根据设计要求进行调查研究，在此基础上拟定结构方案。进行一些初步估算后，开始画图。在画图过程中，还要对各部分详细结构不断完善。因此，画图的过程，也是设计的过程。若由现有的机器设备经过测绘画装配草图时，也要先搞清机器或部件的用途、工作原理，各零件的相对位置、装配关系和传动路线等，做到对所画对象有全面的了解，然后再着手画图。

（2）确定表达方案。在对机器或部件有了较清楚的了解后，可根据实际情况分析装配草图的各种表达方法，确定最佳的表达方案。其中包括选择主视图、确定其它视图及采用的表达方法。

（3）合理布图，画出基准线。根据视图的数量及大小合理地布置各视图。布图时应同时考虑标题栏、明细表、零部件编号、标注尺寸和技术要求等所需的位置，然后画出各视图的主要基准线。

（4）绘制部件的主要结构部分。根据部件的具体结构，确定主要装配干线，并在这条干线上先画出起定位作用的基准件，再画其它零件。这样画图误差小，保证各零件间相互位置准确。基准件可根据具体机器或部件分析判断，当装配基准件不明显时，则先画主要零件。

画图时，可从主视图画起，几个视图联系起来一起画。也可先画出某一视图，然后逐个画出其它视图，此时亦应注意各视图间要符合投影关系。画零件时，要注意零件间的装配关系，两相邻零件表面是否接触，是否为配合面，以及相互遮挡等问题，同时还要检查零件间有无干扰或互相碰撞，以便正确装配。

在画每个视图时，还应考虑是从外向内画，还是从内向外画的问题。从外向内就是从机器或部件的机体出发，逐次向内画出各零件，而从内向外画就是从内部的主要装配干线出发，逐次向外扩展。在剖视图中，通常采用从内向外画的方法。画图时，这两种画法可根据不同结构灵活选用，常常将二者结合起来使用。

（5）绘制部件的次要结构。主要结构和重要零件画完后，再逐步画出次要的结构部分。

（6）调整零件尺寸。将每个零件按照安装位置绘制完成后，检查各零件的尺寸是否满足装配关系。由于零件在加工过程中的误差或使用过程中的磨损，测量尺寸与理论尺寸不符，按测量尺寸绘制的装配草图就有可能出现不满足装配要求的情况，这时需要对零件尺寸进行调整，使各零件装配后满足装配要求。

（7）标注尺寸、编写序号，填写明细表、标题栏和技术要求。

（8）检查校核，完成全图。

8. 建立零部件模型

对于非标准件，根据零件草图建模。对于标准件，根据零件的标记和代号建模。

9. 生成零件工程图

根据零件草图的视图表达方案，由三维软件生成零件工程图。

10. 建立装配体模型及爆炸图

标准件及非标准件建模完成后，根据装配示意图，确定各零件的位置。根据零件的连接关系添加配合，建立装配体模型。

生成爆炸视图及动画，以观察装配体的装配（或拆卸）过程。

11. 绘制或生成装配工程图

在绘制装配工程图之前应对装配草图进行复核，检查各零件的位置、配合关系是否正确，尺寸标注是否恰当、合理、齐全，视图表达方案是否为最佳，投影关系是否正确，然后选择适当的绘图比例完成装配工程图的绘制。

也可以由三维软件生成装配工程图。

第二节　零部件测绘时的注意事项

（1）零件上的制造缺陷，如铸造件上的砂眼、气孔、表面不平整，以及加工时留下的刀痕，还有使用造成的磨损和损坏等部分，都不应画出。

（2）零件上因制造、装配需要而形成的工艺结构，如铸造圆角、螺纹退刀槽、砂轮越程槽和中心孔等都应画出，如若省略不画，则必须注明尺寸，或在技术要求中加以说明。

（3）两零件有配合关系的尺寸，如有配合要求的孔和轴的直径尺寸、相互旋合的内外螺纹的大径尺寸、键与键槽的宽度尺寸等，一般只在一个零件上测量其基本尺寸，然后分别标注在两个零件的草图上；至于其配合性质和相应的公差值，应在分析考虑后，再查阅有关的标准确定。

（4）滚动轴承等标准件，可通过测量与其配合的轴和箱体孔的尺寸并查阅有关标准确定其型号和标准号，一般不必进行测绘和绘制草图。对螺纹、键槽、齿轮的轮齿等标准结构的尺寸，应该把测量的结果与标准值核对，采用标准结构尺寸。

（5）对于零件的材料、表面结构、公差与配合、热处理等技术要求，有的可以用仪器直接测定，有的可以根据零件的作用，参照类似的图样和资料进行确定。

（6）测绘过程中允许根据实际情况对原部件的不合理结构进行改进，以及依据新标准进行修改。

第二章

测量工具及其使用方法

第一节 测量工具

一、测量工具的种类

简易量具有塞尺、钢直尺、卷尺和卡钳等，用于测量精度要求不高的尺寸。

游标量具有游标卡尺、游标高度尺、游标深度尺、齿厚卡尺和万能角度尺等，用于测量精密度要求较高的尺寸。

千分量具有内径千分尺、外径千分尺和深度千分尺等，用于测量高精度要求的尺寸。

平直度量具有水平仪，用于水平度测量。

角度量具有直角尺、角度尺和正弦尺等，用于角度测量。

二、常用测量工具的使用方法

如图 2-1 所示为几种常用的测量工具。

1. 钢直尺

使用钢直尺时，应以左端的零刻度线为测量基准，这样不仅便于找正测量基准，而且便于读数。测量时，尺要放正，不得前后左右歪斜。否则，从钢直尺上读出的数据会比被测的实际尺寸大。

用钢直尺测圆截面直径时，应使尺的左端与被测面的边缘相切，摆动尺子找出最大尺寸，即为所测直径。

2. 卡钳

凡不适于用游标卡尺测量的尺寸，用钢直尺、卷尺也无法测量的尺寸，均可用卡钳进行测量。

卡钳结构简单，使用方便。按用途不同，卡钳分为内卡钳和外卡钳两种。内卡钳用于测量内部尺寸，外卡钳用于测量外部尺寸。按结构不同，卡钳又分为紧轴式卡钳和弹簧式卡钳两种。

卡钳常与钢直尺、游标卡尺或千分尺联合使用。测量时操作卡钳的方法对测量结果影响很大。正确的操作方法是：用内卡钳时，用拇指和食指轻轻捏住卡钳的销轴两侧，将卡钳送入孔或槽内。用外卡钳时，右手的中指挑起卡钳，用拇指和食指撑住卡钳的销轴两边，使卡钳在自身的重量下两量爪滑过被测表面。卡钳与被测表面的接触情况，凭手的感觉。手有轻微感觉即可，不宜过松，也不要用力卡住卡钳。

使用大卡钳时，要用两只手操作，右手握住卡钳的销轴，左手扶住一只量爪进行测量。

测量轴类零件的外径时，须使卡钳的两只量爪垂直于轴心线，即在被测件的径向平面内测量。测量孔径时，应使一只量爪与孔壁的一边接触，另一量爪在径向平面内左右摆动找出最大值。

校好尺寸后的卡钳须轻拿轻放，防止尺寸变化。把量得的卡钳放在钢直尺、游标卡尺或千分尺上量取尺寸。测量精度要求高的用千分尺，一般的用游标卡尺，测量毛坯之类的用钢直尺校对卡钳即可。

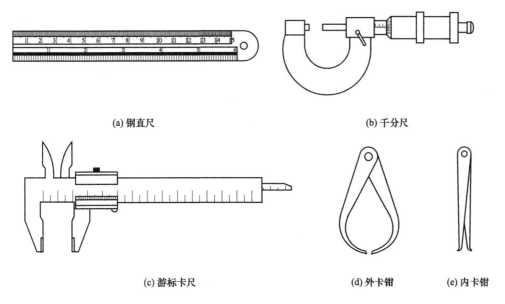

图 2-1 常用测量工具

3. 游标卡尺

（1）检查、校对游标卡尺。

（2）测量外尺寸时，应先使量爪张开的尺寸大于被测尺寸；测量内尺寸时，量爪张开的尺寸小于被测尺寸，然后慢慢推或拉游标，使其轻轻接触被测件表面。

（3）当量爪与被测件表面接触后，不要用力过大。用力的大小，应控制在使两个量爪正好能够接触到被测件表面即可。如果用力过大，量爪倾斜，则产生较大的测量误差。所以在使用卡尺时，用力要适当，并使被测零件尽量靠近量爪测量面的根部。

（4）使用卡尺测量深度时，卡尺要垂直，不要前后左右倾斜。

第二节 测量方法

一、测量线性尺寸

可用钢直尺或游标卡尺直接量取尺寸的大小，如图 2-2 所示。

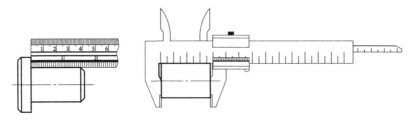

图 2-2 测量线性尺寸

二、测量直径尺寸

1. 测量外径

用游标卡尺或千分尺测量外径的大小，如图 2-3 所示。

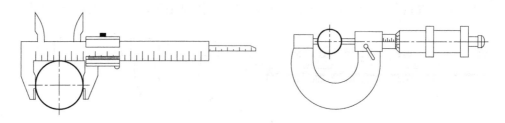

图 2-3 测量外径尺寸

2. 测量内径

用游标卡尺测量内径的大小,如图 2-4 所示。

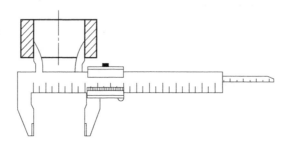

图 2-4 测量内径尺寸

3. 测量阶梯孔的直径

用内卡钳与钢直尺配合测量阶梯孔直径的大小,如图 2-5 所示。

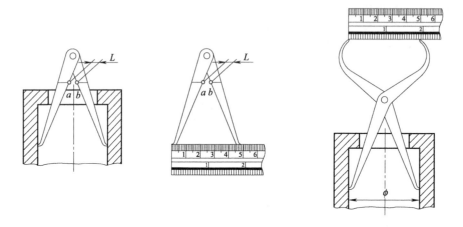

图 2-5 测量阶梯孔的直径

三、测量壁厚

一般情况下,可用钢直尺测量零件壁厚,如图 2-6(a)所示。当孔径较小时,可用带测量深度的游标卡尺测量壁厚,如图 2-6(b)所示。当用钢直尺或游标卡尺都无法测量壁厚时,可用内外卡钳配合或外卡钳与钢直尺配合测量壁厚,如图 2-6(c)和(d)所示。

四、测量孔中心距

可用游标卡尺、卡钳或钢直尺测量孔距。两孔直径相等时,孔距测量如图 2-7(a)所示。两孔直径不等时,孔距的测量如图 2-7(b)所示。

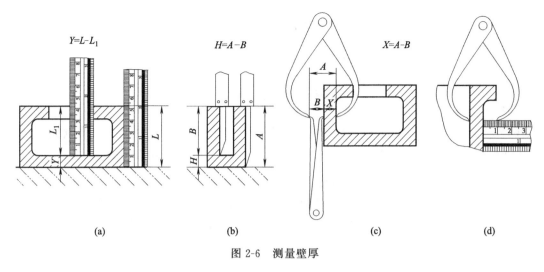

图 2-6 测量壁厚

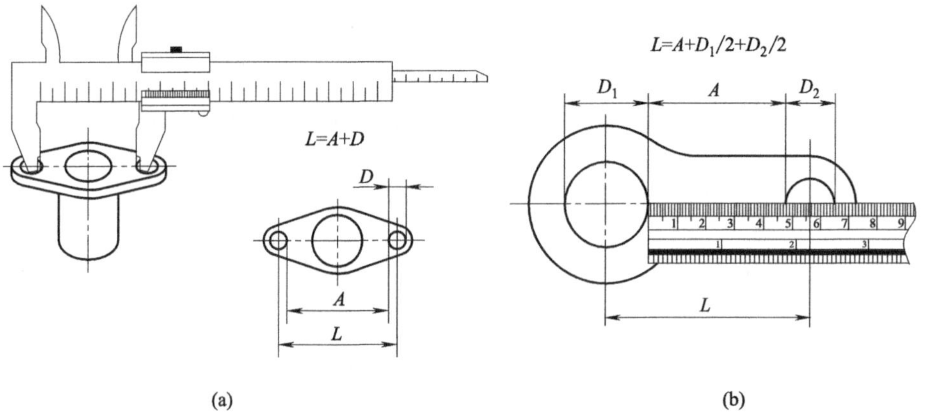

图 2-7 测量孔中心距

五、测量中心高

可用钢直尺、卡钳或游标卡尺测量中心高,如图 2-8 所示。

六、测量圆角

可用圆角规测量圆角。每套圆角规有很多片,一半用于测量外圆角,一半用于测量内圆角,每片刻有圆角半径大小。测量时,只要在圆角规中找到与被测部分完全吻合的一片,从该片上的数值便可知圆角半径的大小,如图 2-9 所示。

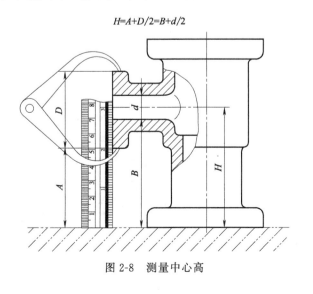

图 2-8 测量中心高

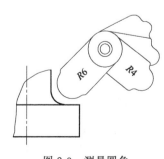

图 2-9 测量圆角

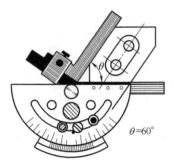

图 2-10 测量角度

七、测量角度

可用量角规测量角度,如图 2-10 所示。

八、测量曲线或曲面

曲线和曲面要求测量精度很高时,必须用专门测量仪进行测量。要求测量精度不太高时,常采用下面三种方法测量。

1. 拓印法

对于柱面部分曲率半径的测量,可用纸拓印其轮廓,得到如实的平面曲线,然后判定该曲线的圆弧连接情况,测量其半径,如图 2-11(a)所示。

2. 铅丝法

对于母线为曲线的回转面曲率半径的测量,可用铅丝弯成实形后,得到如实的平面曲线,然后判定曲线的圆弧连接情况,最后用中垂线法求得各个圆弧的中心,测量其半径,如图 2-11(b)所示。

3. 坐标法

一般的曲面可用钢直尺和三角板确定曲面上各个点的坐标,在图上画出曲线,或求出曲率半径,如图 2-11(c)所示。

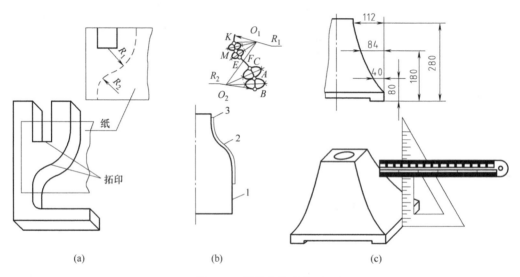

图 2-11 测量曲线或曲面

九、测量螺纹

测量螺纹需要测出螺纹的直径和螺距,螺纹的旋向和线数可直接观察。螺纹的直径用卡尺测量,螺纹的螺距可用螺纹规或直尺测量。螺纹规是由一组带牙的钢片组成,每片的螺距都标有数值,只要在螺纹规上找到一片与被测螺纹的牙型完全吻合的,从该片上就能得知被测螺纹的螺距大小。如果用直尺测量螺距,首先测量牙顶螺距,然后把测得的螺距和直径的数值与螺纹标准核对,选取与其相近的标准值,如图 2-12 所示。

十、测量齿轮

标准渐开线直齿圆柱齿轮,先数齿数 Z,再测齿顶圆直径 d_a,如图 2-13 所示。对于偶数齿,可以用游标卡尺直

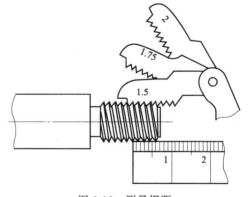

图 2-12 测量螺距

接测量 d_a；对于奇数齿，可以间接测量 A，然后换算得到 $d_a=d+2A$。计算齿轮模数 $m=d_a/(z+2)$。将测量（计算）结果与标准值核对，取标准值，以便于制造和测量。

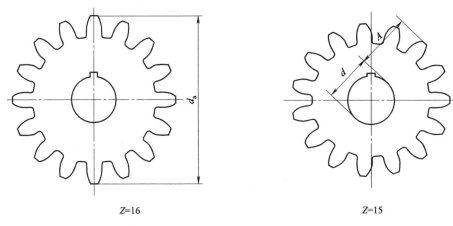

图 2-13　测量齿轮

第三章 绘制草图的方法

不借助绘图工具，目测零件的形状和大小，徒手绘制的图样称为草图。在设计初始阶段，由于技术方案需要经过反复分析、比较、推敲才能确定，为了节省时间、加快速度，往往用草图表达构思结果。在仿制产品或维修机器时，由于受环境和条件的限制，为了尽快得到结果，一般也先绘制草图，然后绘制工作图或将草图直接用于生产。在现场参观、学习、交流、讨论时，也常常需要绘制草图。在进行表达方案讨论、确定布图方式时，也常常要画出草图，以便进行具体比较。因此，工程技术人员必须具备徒手绘图的能力。

一、徒手绘图的基本要求

徒手绘图的基本要求是快、准、好，即画图速度要快，目测比例要准，图面质量要好，草图中的线条要粗细分明，基本平直，长度大致符合比例。

徒手绘图一般选用 HB 或 B 的铅笔，铅芯磨成圆锥形，画细线时铅芯应磨得较尖，画粗线时铅芯应磨得较钝。

二、徒手绘图的基本方法

一个物体的图形无论多么复杂，都是由直线、圆、圆弧或曲线组成的。因此，要画好草图，必须掌握好徒手绘制各种图线的方法。

1. 握笔方法

徒手绘图时，手握笔的位置要比用工具绘图时高一点，一般手指应握在距笔尖约 45mm 处，以利于运笔和观察目标。绘图时不要将铅笔捏得太紧，手要放松。笔杆与纸面成 45°～60°夹角，执笔稳而有力。

2. 直线的画法

画直线时，先定出直线的两个端点，然后眼睛看着直线的终点，轻轻移动手腕和手臂，注意手腕不要转动，使笔尖向着要画的方向做近似的直线运动。一次一条线，切忌分小段往复描绘。过长的线可分段画出，注意线条搭接处不要画出小点，宁可局部小弯，但求整体平直。

画铅垂线时自上而下运笔；画水平线时自左向右运笔；画长斜线时，为了运笔方便，可以将图纸旋转到适当的角度，使它转成水平线位置来画。

画与水平线成 30°、45°、60°的斜线时，可利用两直角边的近似比例定出端点后，再连成直线。其余角度可按它与 30°、45°和 60°的倍数关系画出。如画 10°等角度线时，可先画出 30°线后再等分即可，如图 3-1 所示。

3. 圆的画法

画小圆时，先画出两条相互垂直的中心线，确定圆心，再根据直径的大小，在对称中心线上截取 4 个点，然后将各点连接成圆。画较大圆时，过圆心多画几条不同方向的线，再根据直径找点连接成

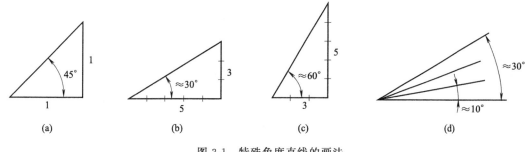

图 3-1 特殊角度直线的画法

圆，如图 3-2 所示。

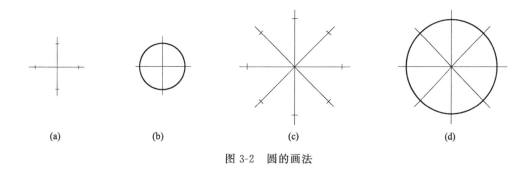

图 3-2 圆的画法

4. 椭圆的画法

先画出椭圆的长短轴，并用目测方法定出其 4 个端点的位置，并过这 4 个端点画一个矩形，然后徒手作椭圆与此矩形相切，如图 3-3（a）所示；也可以利用外接菱形画四段圆弧构成椭圆，如图 3-3（b）所示。

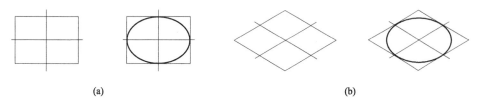

图 3-3 椭圆的画法

三、目测比例的方法

在徒手绘图时，关键的一点是要保持所画物体图形各部分的比例。如果比例（特别是大的总体比例）保持不好，不管线条画得多好，这张草图也是劣质的。在开始画图时，这个物体的长、宽、高的相对比例一定要仔细观察并拟定。然后，在画中间部分或细节部分时，还要随时将新测定的线段与已拟定的线段进行比较、调整。因此，掌握目测比例方法对画好草图十分重要。

在画中、小型物体时，可用铅笔直接放在实物上测定各部分的大小，然后按测定的大小画出草图，或者用这种方法估计出各部分的相对比例，然后按估计的这一相对比例画出草图。

在画较大的物体时，可以用手握一铅笔进行目测度量。在目测时，人的位置应保持不动，握铅笔的手臂要伸直，人和物的距离大小应根据所需图形的大小来确定。

在绘制及确定各部分相对比例时，建议先画略图。尤其是比较复杂的物体，更应如此。

四、绘制零件草图的方法

零件草图是绘制零件图的重要依据，必要时还可直接用来制造零件。因此，零件草图必须具备零件图应有的全部内容。要求做到图形正确、表达清晰、尺寸完整、线型分明、图面整洁、字体工整，并注写出技术要求等有关内容。

图 3-4 阀盖

下面以图 3-4 所示的阀盖为例，说明绘制零件草图的方法和步骤。

1. 布图，画基准线

在图纸上定出各视图的位置，画出主、左视图的对称中心线和作图基准线，如图 3-5 所示。布置视图时，要考虑到各视图间应留有标注尺寸的位置。

2. 绘制视图

以目测比例，按着机件表达方法，以最少的视图最清晰地表达零件的结构形状，如图 3-6 所示。

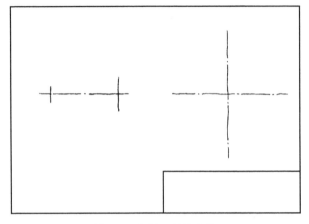

图 3-5 布图，画基准线

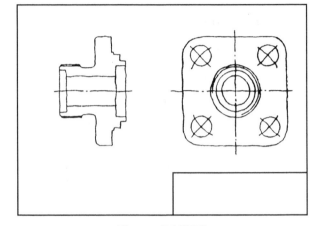

图 3-6 绘制视图

3. 确定标注的尺寸

选定尺寸基准，按正确、完整、清晰、合理的要求，画出全部尺寸界线、尺寸线和箭头，如图 3-7 所示。

4. 量注尺寸，标注技术要求

逐个量注尺寸，标注各表面的表面粗糙度代号，并注写技术要求和标题栏。

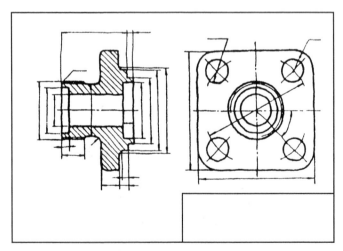

图 3-7 确定标注的尺寸

第四章

一级圆柱齿轮减速器测绘

第一节 减速器的基本知识

减速器是原动机和工作机之间的独立的闭式传动装置,用来降低转速和增大转矩,以满足工作需要。图 4-1 是减速器装置的传动简图。图中电动机经带传动带动齿轮减速器的输入轴转动,再经过齿轮传动,将运动输出到联轴器,通过联轴器带动工作机工作。目前减速器的主要参数如传动比、模数等都已标准化。

减速器的种类很多,按照传动类型可分为齿轮减速器、蜗杆减速器和行星减速器以及它们相互结合起来的减速器。最简单最常用的减速器是一级圆柱齿轮减速器,如图 4-2 所示。

齿轮可以做成直齿、斜齿和人字齿。直齿轮用于速度较低($v \leqslant 8 \text{m/s}$)、载荷较小的传动;斜齿轮用于速度较高的传动;人字齿轮用于载荷较大的传动。我们所测绘的减速器是一级直齿圆柱齿轮减速器,这种减速器的传动比为 $i \leqslant 8 \sim 10$。减速器的箱体通常用铸铁制造,为了教学使用轻便,我们所测绘的减速器的箱体材料为铸铝。轴承一般采用滚动轴承,重载或特别高速时采用滑动轴承。

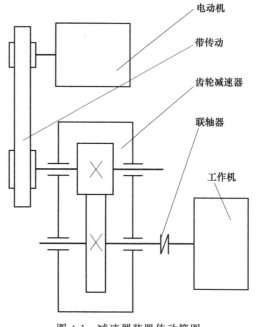

图 4-1 减速器装置传动简图

一级圆柱齿轮减速器的结构由齿轮、轴及轴承组合,箱体,附件三大部分组成,如图 4-2 所示。

下面对这三部分的结构加以简要的介绍和分析。

一、齿轮、轴及轴承组合

我们所测绘的减速器的齿轮、轴及轴承组合部分的结构,如图 4-3 所示。

小齿轮与高速轴制成一体,称为齿轮轴。大齿轮和低速轴是分开的两个零件,它们的周向固定采用普通平键连接,轴上零件利用轴肩、轴套和端盖做轴向固定。由于主要承受的是径向载荷和不大的轴向载荷,所以两轴均采用了单列向心球轴承。轴承可采用飞溅润滑方式,即利用齿轮旋转时把箱体中油池的润滑油溅起,沿箱盖内壁流入轴承进行润滑,也可以采用润滑脂润滑。当齿轮圆周速度 $v \leqslant$ 2m/s 时,应采用润滑脂润滑轴承,为了避免可能溅起的稀油冲掉润滑脂,可采用挡油环将其分开。为了防止润滑油流失和外界灰尘进入箱内,在轴承盖和外伸轴之间装有密封元件(如油封毡圈)。

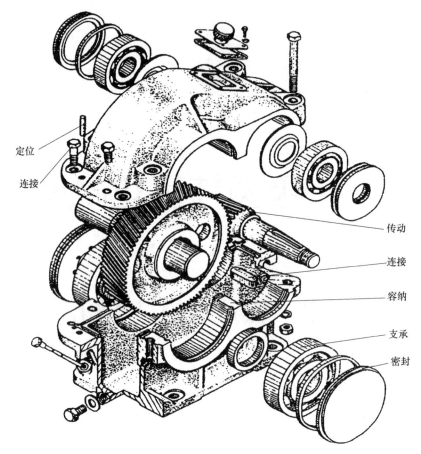

图 4-2 一级圆柱齿轮减速器结构

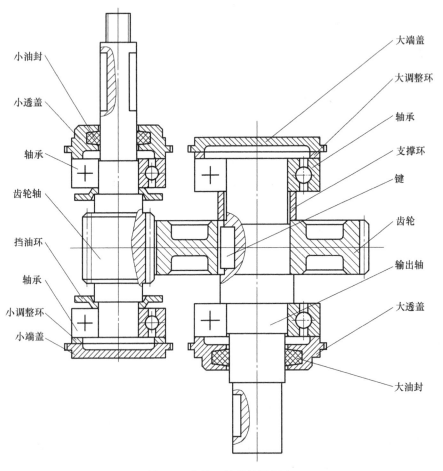

图 4-3 齿轮、轴及轴承组合

油封毡圈用于线速度≤5m/s时，作为防尘、封油之用。

1. 轴

轴是组成机器的一个重要零件。它支撑着其它转动件回转并传递扭矩，同时它又通过轴承和机架连接。所有轴上的零件都围绕轴线做回转运动，形成一个以轴为基准的组合体，称为轴系部件。

轴按承受载荷的情况可分为：

转轴——既支承传动件又传递动力，承受弯矩和扭矩两种作用。我们实测的减速器中的轴就属于这种轴。

芯轴——只起支承旋转机件的作用而不传递动力，即只承受弯矩作用。

传动轴——主要传递动力，即主要承受扭矩作用。

轴按结构形状可分为：光轴、阶梯轴、实心轴、空心轴等。

最常见的是阶梯轴，它的强度接近等强度，加工也不复杂，同时轴上的零件能可靠地固定，并且拆卸方便。

图4-4为一阶梯形转轴的结构示例。轴上与轴承配合的部分称为轴颈；与其它零件配合的部分称为轴头；连接轴头和轴颈的部分称为轴身。

轴上零件常用轴肩和轴套进行轴向固定。图中的齿轮和联轴器就是分别靠轴肩和轴套做轴向固定的。为了保证轴上零件能靠紧定位面，轴肩和轴套的圆角半径r应小于轴上零件孔的倒角高度C或圆角半径R。

为了保证轴上零件定位可靠，安装零件的轴头长度必须稍短于零件长度（见图中的齿轮和联轴器），否则相邻零件不能靠紧（如齿轮与轴套、联轴器与轴端挡圈）。

零件在轴上做周向固定是为了传递扭矩和防止零件与轴产生相对运动。齿轮与轴通常采用平键连接方式，其配合性质可为间隙配合或过渡配合。在减速器中，齿轮与轴的常用优先配合为H7/h6、H7/m6、H7/k6等。

对于通用机械（包括减速器），与公称直径大于18～100mm的向心球轴承相配合的轴颈的公差带通常采用k5，与轴承外圈相配合的壳体孔的公差带常采用K7。

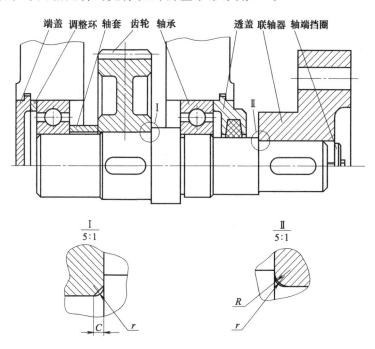

图4-4 阶梯轴结构

轴颈或轴头与轴肩的过渡处应有砂轮越程槽，螺纹部分应有退刀槽结构。

为了便于导向和防止擦伤配合表面，轴的两端及有过盈配合的台阶处都应制成倒角。

为了减少加工刀具种类和提高生产效率，轴上的倒角、圆角、键槽等应尽可能取相同尺寸。

轴的材料主要采用碳素钢和合金钢。由于碳素钢比合金钢价格低，对应力集中的敏感性较小，所

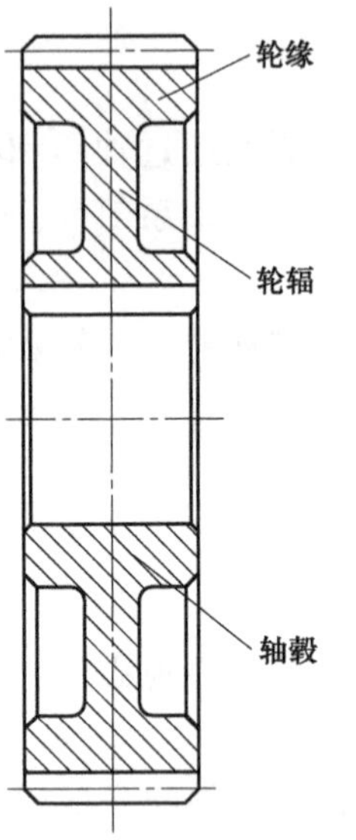

以应用广泛。常用的优质碳素钢有 35 钢、45 钢和 50 钢。

最常用的是 45 钢，并经过正火或调质处理。

2. 齿轮

齿轮按照制造方法可分为铸造齿轮、锻造齿轮、镶套齿轮、焊接齿轮和剖分齿轮等。

圆柱齿轮的结构分为三部分，如图 4-5 所示。

轮缘——齿轮的外圈有轮齿的部分；

轮毂——齿轮中心装轴的部分；

轮辐——连接轮缘和轮毂的部分，其形式有平板式、辐板式和轮辐式。

我们测绘的齿轮就是辐板式铸造齿轮。当辐板尺寸较大时，可在辐板上开几个孔，以减轻齿轮的重量。

当齿根圆直径 $d_f \leqslant d_0$（轴径）或齿根到键槽的距离 $\leqslant (2 \sim 2.5)$ mm 时，可将齿轮与轴制成一体，称为齿轮轴，如图 4-6 所示。齿轮两端面和轮孔两端面一般制成倒角。

图 4-5 圆柱齿轮结构

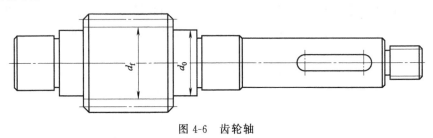

图 4-6 齿轮轴

3. 轴承

直齿圆柱齿轮啮合传动只有径向力，无轴向力作用，一般采用一对向心球轴承。在装配图上一般采用规定画法，也可以采用通用画法或特征画法。滚动轴承内圈与轴颈采用基孔制，外圈与轴承座孔采用基轴制。

二、箱体

箱体结构是减速器的重要组成部件，分为上箱盖（简称箱盖）和下箱体（简称箱体）两部分。它是传动零件的基座，应具有足够的强度和刚度。

箱体同时能容纳润滑油。减速器的润滑是保证减速器正常工作的重要条件，它可以减少齿轮和轴承接触面上的摩擦和磨损，同时也可以散热、防锈和减小噪声。减速器齿轮常用的润滑方式是浸油润滑，如图 4-7 所示。齿轮浸到油池中，当齿轮旋转时把润滑油带到齿轮啮合表面进行润滑，为防止搅油时功率损失过大，齿轮浸入油池的深度不宜过深。通常，圆柱齿轮浸入油中的深度为 2 个齿高。

低速级齿轮的齿顶圆距箱底不应小于 30～35mm，以避免池底油泥杂物被带到齿面上来。

箱体一般采用灰铸铁制造，因为灰铸铁具有很好的铸造性能和减振性能。

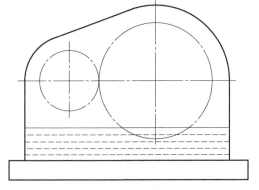

图 4-7 浸油润滑

为了便于箱体部件的安装和拆卸，减速器箱体制成沿轴线分开的分式结构，即上箱盖与下箱体，上箱盖与下箱体用螺栓连接。

箱体的外形要力求简单并具有一定的壁厚。连接螺栓孔尽量靠近轴承座孔，而轴承座旁的凸台，应具有足够的承托面，以便放置连接螺栓，并保证旋紧螺栓时需要的扳手空间。为了使箱体具有足够的刚度，轴承座部分应有适当的厚度，并在轴承座处设置加强肋板。

采用嵌入式轴承盖时，轴承座孔内还要加工成矩形环槽，以放置轴承盖。

为了保证减速器安置在基础上的稳定性，并尽可能减少加工面积，箱体底面开槽。

箱体内油池底面制成一定的斜度，以便顺利有效地放油。

三、附件

为了保证减速器正常地工作，除了对齿轮、轴和轴承组合及箱体的结构给予足够的重视外，还应考虑到为减速器润滑油池注油、排油，检查油面高度，加工及检修时箱盖与箱体的精确定位，吊装等辅助零件和部件的设计。

1. 检查孔

为了检查传动零件的啮合情况，并向箱内注入润滑油，应在箱体的适当部位设置检查孔。减速器的检查孔一般设在上箱盖可直接观察到齿轮啮合的部位处。减速器工作时，检查孔的盖板用螺钉固定在箱盖上。

2. 通气孔

减速器工作时，箱体内温度升高，气体膨胀，压力增大。为使箱体内热涨空气能够自由排出，以保持箱内外压力平衡，不致使润滑油沿分箱面或油封等其它缝隙处渗漏，通常在箱体顶部安装通气器。

3. 轴承盖

为了固定轴系部件的轴向位置并承受轴向载荷，轴承座孔两端用轴承盖封闭。轴承盖有凸缘式和嵌入式两种。凸缘式轴承盖通过螺钉连接在箱体上，嵌入式轴承盖通过榫槽镶嵌固定在箱体的轴承座孔内。实测减速器采用嵌入式轴承盖。轴承盖还有透盖和闷盖两种形式。

（1）透盖　轴的动力输入端和输出端都应该伸出箱外，故此处的轴承端盖应制成透盖。透盖的梯形环槽内装有毛毡圈（浸油后装入）密封，防止灰尘侵入磨损轴承。

（2）闷盖　轴的末端在箱体内时，轴承端盖为闷盖。

4. 定位销

为了保证每次安装箱盖与箱体时，仍能保持轴承座孔制造加工时的精度，应在精加工轴承孔前，在箱盖与箱体的连接凸缘上配装定位销。实测减速器采用的是两个定位销，分别放置在箱盖与箱体两侧的连接凸缘上。

5. 调整环

为轴上零件的轴向定位和调整滚动轴承的轴向间隙而设置。若用嵌入式轴承盖，应在轴承与轴承盖之间插入调整环。调整环的厚度可制成多个尺寸，供装配时调整轴承间隙选用。

6. 油面指示器

为检查减速器内油池油面高度，经常保持油池内有适量的润滑油，一般在箱体便于观察且油面较稳定的部位装设油面指示器。实测减速器采用的油面指示器是油标。

7. 放油螺塞

为了方便换油、排放污油和清洁剂，应在箱体底部油池的最低位置处开设放油孔，减速器工作时，用螺塞将放油孔堵住。放油螺塞和箱体接合面间应加放防漏用的垫圈。

8. 起吊装置

当减速器重量较大时，为了便于整体搬运或拆卸，常在箱体上设置起吊装置，如在箱体上铸出吊耳或吊钩。

9. 启箱螺钉

为加强密封效果，通常在装配时，在箱盖与箱体的分箱面上涂以水玻璃或密封胶，因而在拆卸时往往因胶结紧密难以开盖。为此常在箱盖连接凸缘的适当位置加工出 1～2 个螺孔，旋入启箱用的圆柱端或平端的启箱螺钉，旋动启箱螺钉便可将箱盖顶起，小型减速器也可不设启箱螺钉。

第二节　减速器的装配示意图

装配示意图是表达装配体中各零件的名称、数量、零件间相互位置和装配连接关系的图样。它是用简单的线条和国标规定的简图符号徒手绘出的示意性图样。由于装配示意图是绘制装配图和拆卸零件后重新装配成装配体的依据，因此，正确绘制装配示意图是零部件测绘中的关键一步。

一、减速器装配示意图的视图表达

减速器装配示意图采用主视图和俯视图两个视图，如图4-8所示。主视图主要表达减速器外部零件的位置及装配连接关系。俯视图主要表达内部零件的位置及装配连接关系。

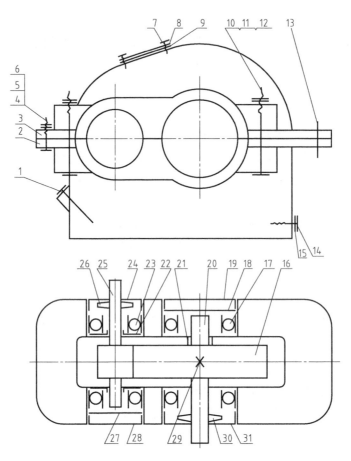

图4-8　减速器的装配示意图

1. 主视图

首先用简单的线条绘出箱盖和箱体的大致轮廓，然后绘制视孔盖、垫片及螺钉、箱盖与箱体的螺栓连接件、销钉、油标、放油螺塞及垫片。

主视图绘制完成后，拆卸箱盖与箱体的螺栓连接件，并将其编号贴在零件上。打开箱盖，绘制俯视图。

2. 俯视图

首先按投影关系绘制两条装配干线的轴线位置，然后将两条装配干线上的零件，用简单的线条和国标规定的简图符号，按着装配顺序逐个画出。画图时可把零件看作是透明体，不受上下层次、可见与不可见的限制，两零件之间应留有间隙。装配干线上的零件绘制完成后，绘制形体轮廓。

二、零部件编号

装配示意图绘制完成后，在示意图上应对每个零部件进行编号（要和已拆卸零件标签上的编号一致）。对同种规格的零件只编写一个序号，对同一标准的部件（如滚动轴承等）也只编写一个序号。

将每个零部件的明细按着序号顺序填写在表格中，见表 4-1。

表 4-1 明细表

序号	代号	名称	数量	序号	代号	名称	数量
1		油标	1	17	GB/T 276—2013	轴承 6206	2
2		箱体	1	18		大调整环	1
3		箱盖	1	19		大端盖	1
4	GB/T 5782—2016	螺栓 M8×20	2	20		输出轴	1
5	GB/T 6170—2015	螺母 M8	2	21		支撑环	1
6	GB/T 97.1—2002	垫圈 8	2	22		挡油环	2
7	GB/T 67—2016	螺钉 M4×10	4	23	GB/T 276—2013	轴承 6204	2
8		视孔盖	1	24		小透盖	1
9		垫片	1	25		齿轮轴	1
10	GB/T 5782—2016	螺栓 M10×70	4	26		小油封	1
11	GB/T 6170—2015	螺母 M10	4	27		小调整环	1
12	GB/T 97.1—2002	垫圈 10	4	28		小端盖	1
13	GB/T 117—2000	销 4×20	2	29	GB/T 1095—2003	键 A8×7×20	1
14		垫片	1	30		大油封	1
15		螺塞	1	31		大透盖	1
16		齿轮	1				

第三节　减速器测绘零件及视图表达

一、箱盖（图 4-9）

1. 视图表达

箱盖属箱体类零件，结构比较复杂。主要结构采用主视图、俯视图及左视图三个基本视图表达。次要结构采用局部视图及基本视图上的剖视图来表示。

主视图投影方向按形状特征原则选取，放置位置按工作位置原则选取，即分箱面朝下水平放置，轴孔轴线垂直于正面。为使左视图表达充分，一般取大轴承孔在右侧的位置。

在主视图中，用局部剖分别表达观察孔的结构和壁厚、轴承座旁的凸台结构、分箱面连接凸缘上的螺栓孔以及锥销孔的结构。锥销孔的锥度是 1∶50，其直径尺寸可根据所采用的圆锥销尺寸，箱盖与箱体配合绘出，箱体锥销孔下端直径可近似取圆锥销直径。箱盖小端顶部圆柱面外壁圆弧的圆心是在分箱面上，观察孔的位置可根据齿轮的啮合位置确定。

在俯视图中，因观察孔凸台与水平面的倾角小于 30°，所以其投影椭圆可用圆代替，其上的四个螺孔较小，采用夸大画法。箱盖内壁投影的虚线需要画出。圆锥销孔按理论投影应该画出两个同心圆，但由于锥度很小，可简化为一个圆。

左视图可采用通过大小轴承孔轴线剖切的阶梯剖视图，以表达箱盖的内部结构。重合断面图表达肋板断面形状。

左视图上与轴承盖配合的嵌入槽的结构可用局部放大图来表示，以便标注尺寸和表面结构要求。

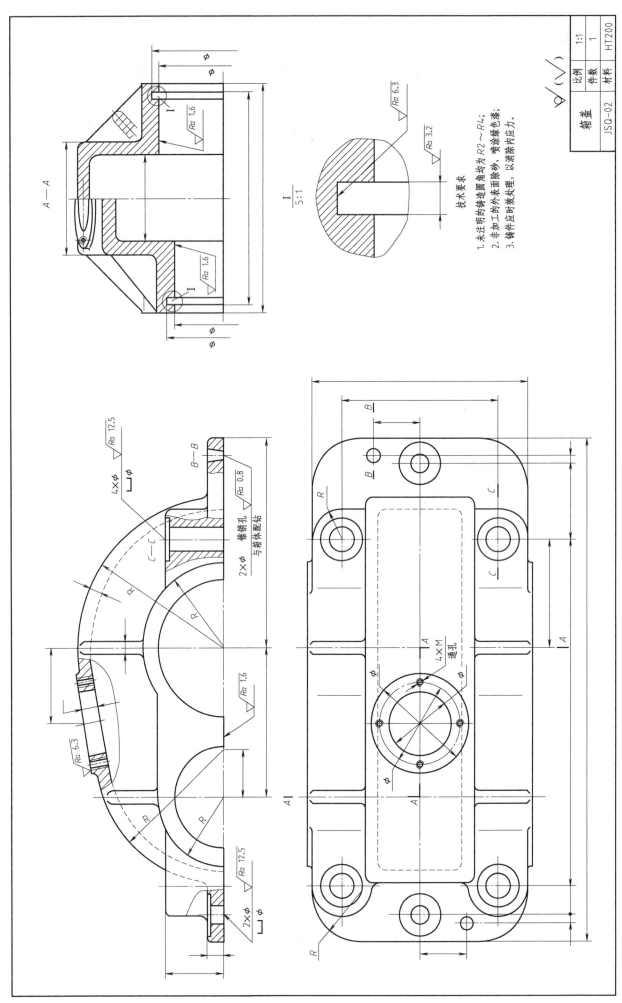

图 4-9 箱盖

2. 尺寸标注

分箱面是高度方向的尺寸基准，它既是设计基准又是工艺基准。从这个基准面出发，可以标注连接凸缘和轴承座旁凸台的高度，表示盖顶的大、小圆柱面圆弧的圆心也在这个基准面上，大圆弧圆心与大轴承孔中心重合，而小圆弧圆心则在小轴承孔中心右侧；大、小轴承孔的中心都位于这个基准面上，所以轴承座的内孔和外缘的直径以及孔内嵌入槽的直径都可以从这个基准面出发进行标注。

大轴承孔的轴线是长度方向的尺寸基准。以它为基准标注大小轴承孔的中心距，连接凸缘右端面的位置、右边三个螺栓孔和一个销孔的位置以及观察孔凸台上表面孔中心位置尺寸，进而标注箱盖总长、左边的三个螺栓孔和一个销孔的位置尺寸。

箱盖前后的对称中心面是宽度方向的尺寸基准，以它为基准标注连接凸缘的宽度、螺栓孔的前后中心距、销孔的前后定位尺寸。在左视图上标注轴承座前后端面的距离、嵌入槽外侧面的距离及箱盖内壁的宽度尺寸。嵌入槽的宽度在局部放大图中标注。

此外，在主视图中还要标注出如下定形尺寸：箱壁厚度、观察孔凸台部分的厚度、大小螺栓孔直径（注明锪平直径）、销孔直径（注明与箱体配钻）以及加强肋板设计厚度；在俯视图中标注出连接凸缘四角上的圆角半径和表示轴承座旁圆形台端面圆弧的半径、观察孔凸台的定形尺寸、四个螺孔的定位尺寸以及螺孔尺寸；其余的铸造圆角尺寸可以在技术要求中说明。

3. 表面结构要求

箱盖的加工表面有：分箱面、轴承孔及嵌入槽表面、轴承座端面、观察孔凸台表面、螺栓孔及销孔表面，其表面结构要求如图 4-9 所示。

4. 其它技术要求

（1）未注明的铸造圆角均为 $R2 \sim R4$。
（2）非加工的外表面除砂，喷涂绿色漆。
（3）铸件应时效处理，以消除内应力。

二、箱体（图 4-10）

按与箱盖相同的位置选择主视图。在主视图中用局部剖视分别表达轴承座旁凸台、分箱面连接凸缘上螺栓孔和圆锥销孔、左侧箱壁上的油标孔、右侧箱壁下部放油螺塞的螺孔以及底部凸缘上地脚螺栓孔等结构。

俯视图中表示外壁和肋板的虚线可省略不画。

左视图也采用阶梯剖视图，轴承盖嵌入槽采用局部放大图。

尺寸标注、表面结构要求及技术要求可参照箱盖的情况分析确定。

三、输出轴（图 4-11）

1. 视图表达

主视图轴线水平放置，大端在左，小端在右，键槽朝向观察者。采用断面图表达键槽的深度。

2. 尺寸标注

除两个键槽外，轴的各个部分是同轴回转体，所以轴线是各段直径的尺寸基准，它既是设计基准也是工艺基准（高度和宽度方向），所有直径可以直接标注在主视图上。轴环（直径最大的部分）左端面是长度方向的设计基准，大齿轮是以此端面做轴向定位的。从该基准出发，可以标注安装齿轮轴段的长度以及到轴左端面的距离，还可标注键槽的定位尺寸和键槽的长度。轴的左端面是长度方向的次要基准，以此基准标注轴的总长，确定右端面的位置，轴的右端面是长度方向的工艺基准，从此基准出发，标注带键槽的外伸轴头的长度，到轴环的右端面的距离及轴环右侧安装轴承轴段的长度。轴环的长度不是重要尺寸，可作为开口环不标尺寸。

键槽尺寸可通过查表确定，并标注在断面图上。注意要同时标出槽宽和槽深的极限偏差。

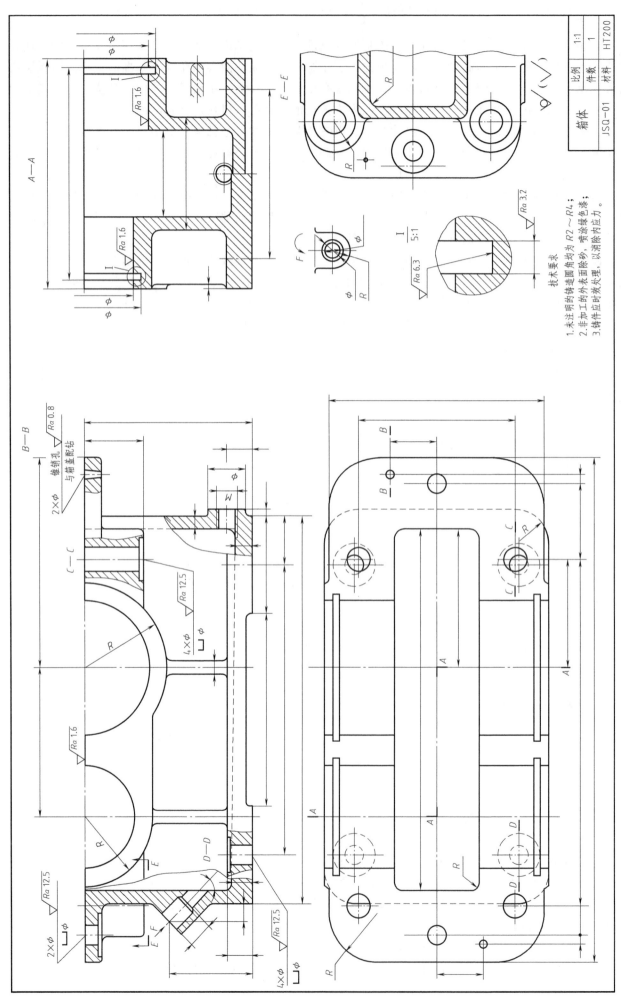

图 4-10 箱体

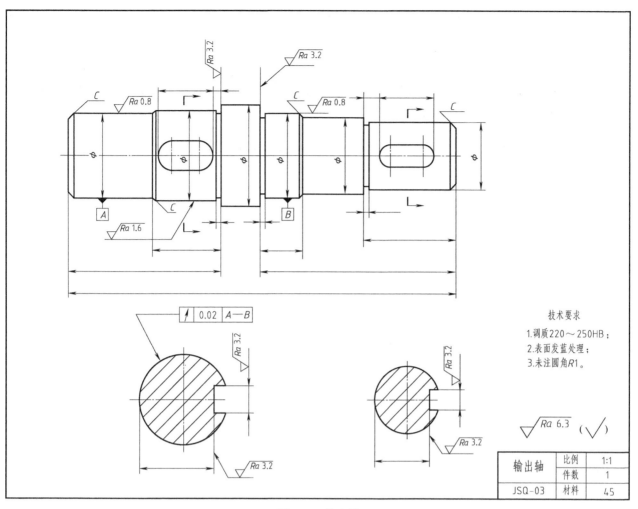

图 4-11 输出轴

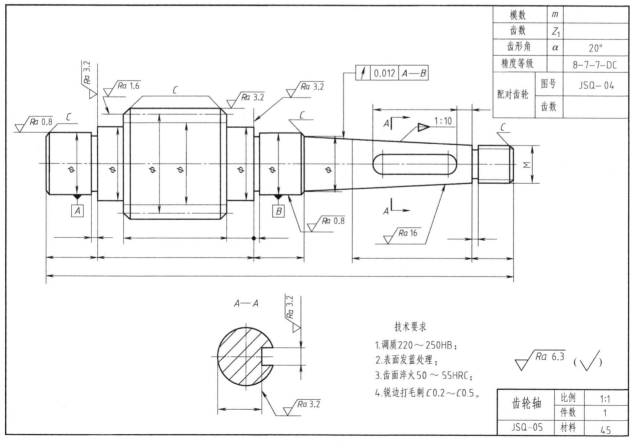

图 4-12 齿轮轴

第四章 一级圆柱齿轮减速器测绘

轴上各段的倒角和砂轮越程槽等尺寸应该包括在各段的长度之内，其尺寸可查表确定。

3. 表面结构要求

轴上所有的表面都是加工表面。两个安装轴承的轴段和两个带键槽的轴段是有配合要求的表面，其表面结构要求较高，起轴向定位作用的端面和键槽两侧面次之，其余加工面表面结构要求较低，具体数值如图 4-11 所示。

4. 技术要求

(1) 调质 220～250HB。
(2) 表面发蓝处理。
(3) 未注圆角 $R1$。

四、齿轮轴（图 4-12）

可参照输出轴进行分析。应该注意的是：
(1) 圆锥形轴头上键槽的画法。
(2) 齿轮右侧轴身的右端面是长度方向的设计基准，轴的右端面是工艺基准。
(3) 技术要求如下。
① 调质 220～250HB。
② 表面发蓝处理。
③ 齿面淬火 50～55HRC。
④ 锐边打毛刺 $C0.2$～$C0.5$。

五、齿轮（图 4-13）

1. 视图表达

主视图采用轴线水平放置的全剖视图；左视图采用简化画法，只画出孔和键槽的局部视图。
画图时，注意键槽在主视图及左视图中的投影关系。

2. 尺寸标注

齿轮部分要标出齿顶圆和分度圆直径，齿根圆直径可省略不标。

3. 表面结构要求

齿轮加工表面中，齿面和孔内表面的表面结构要求最高，齿顶面、端面、键槽侧面次之，键槽底面、倒角再次之，非加工面表面结构要求最低。

4. 技术要求

① 调质 241～262HB。
② 非加工表面涂红色防锈漆。
③ 未注圆角 $R2$。
④ 未注倒角 $C2$。

齿轮基本参数要用表格形式注明在图纸的右上角。

六、透盖（图 4-14）

1. 视图表达

透盖属盘类零件，采用轴线左右放置，符合加工位置原则。通过全剖的主视图表达透盖的内部结构。透盖内安装毛毡密封圈的梯形槽为标准结构，梯形角为 14°。

2. 尺寸标注

以轴线为基准标注直径尺寸，以透盖右侧为基准标注轴向尺寸。透盖凸缘的厚度尺寸公差为 h9。

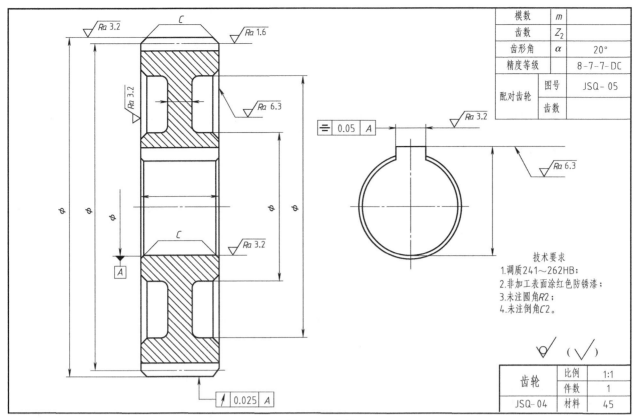

图 4-13 齿轮

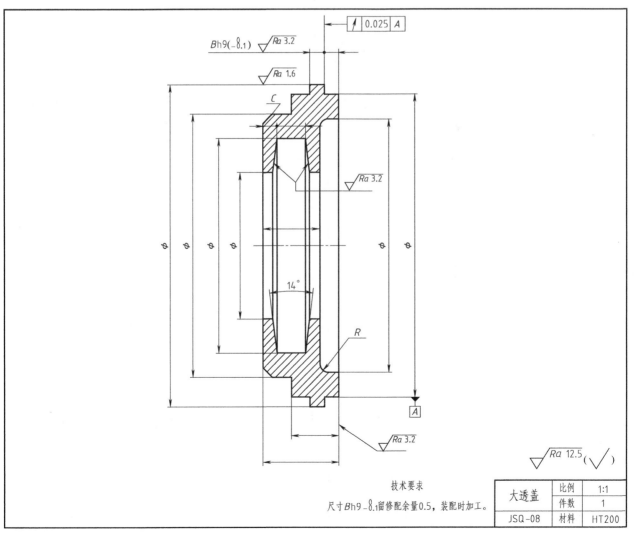

图 4-14 透盖

第四章 一级圆柱齿轮减速器测绘

3. 表面结构要求

透盖与轴承孔配合表面的粗糙度要求最高，凸缘两侧面次之，凸缘柱面和梯形面再次之，其它表面为非加工面。

4. 技术要求

透盖凸缘的厚度尺寸应留修配余量，装配时加工。

七、其它零件

其它零件的视图表达、尺寸标注、表面结构要求等技术要求，参见图4-15～图4-22。

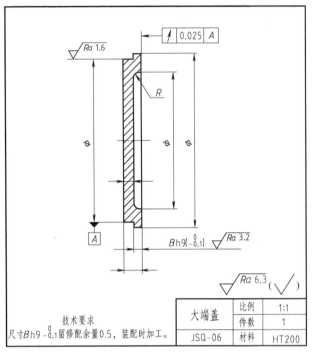

图 4-15 端盖

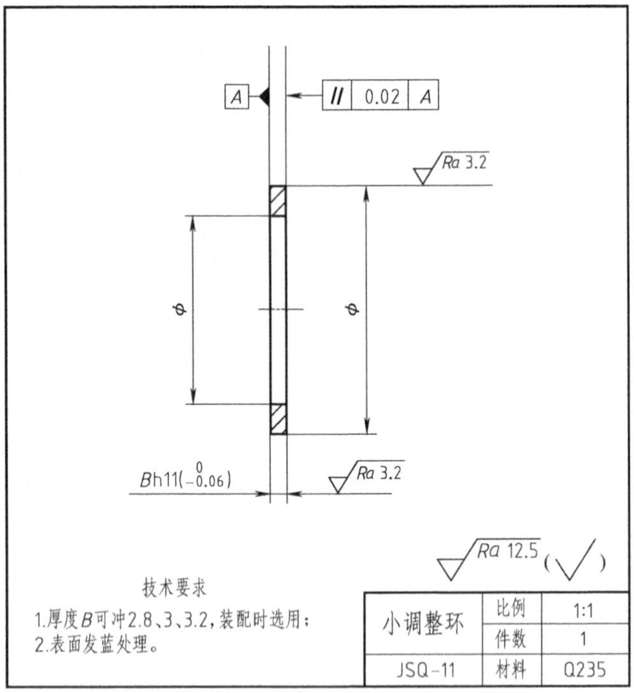

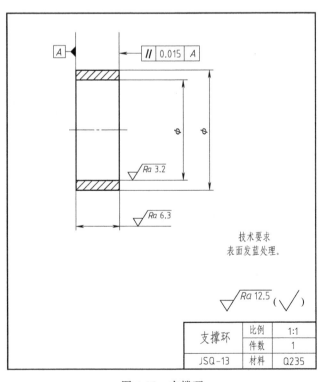

图 4-16 调整环

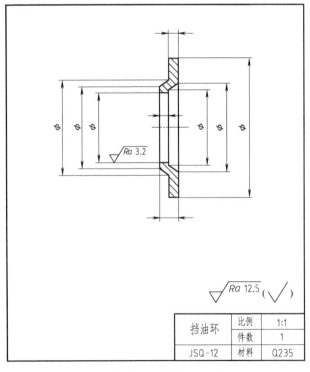

图 4-17 挡油环

图 4-18 支撑环

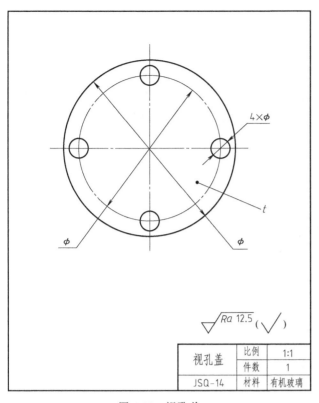

图 4-19 视孔盖

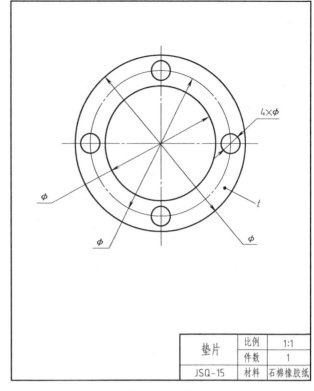

图 4-20 垫片

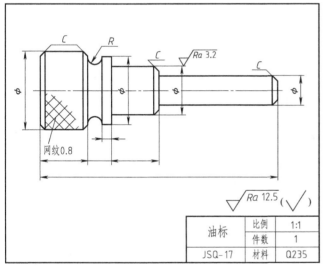

图 4-21 油标

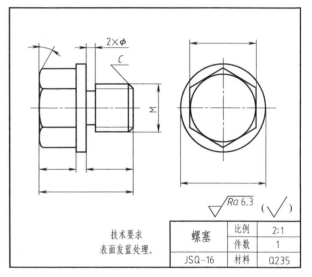

图 4-22 螺塞

第四节　减速器装配图

画装配图时，对零件草图上的差错及有关零件间的不协调处（如有配合关系的轴与孔，其基本尺寸是否一致，它们的表面结构等级是否协调等）应予以改正。

一、确定表达方案

减速器有两条主要的装配干线和若干条次要的装配干线。由于减速器零件较多，故采用主视图、俯视图、左视图三个基本视图和一个局部视图，并在基本视图上采用剖视的表达方案，以表达减速器的工作原理、零件间的主要装配关系、传动路线、连接方式及主要零件结构形状的特征。考虑减速器的工作位置，主视图采用两条主要装配干线垂直于正面的放置位置，左侧为主动轴，即齿轮轴，右侧为从动轴。主视图有六处采用局部剖，分别表达上、下箱之间的螺栓连接、圆锥销连接、视孔盖与上箱之间的连接及油标、放油塞等次要装配干线的连接关系，并表达上、下箱壁厚及箱体底部内壁的斜度。俯视图采用沿分箱面剖切的全剖视图，表达主要装配干线上各零件的位置及连接关系。左视图采用局部剖视图，主要表达螺栓、销钉、油标、视孔盖等连接在上、下箱上的位置，标注与外部零件连接的安装尺寸，其上的局部剖视图表达地脚螺栓孔的结构形状。A 向局部斜视图表达视孔盖上螺栓连接的位置。

二、画装配图的步骤

（1）根据表达方案合理布图，画出主要基准线，如图 4-23（1）所示。

（2）画出主要零件的部分轮廓线，依次画出装配干线上的各个零件。先画装配线上起定位作用的零件，然后再由内向外或由外向内的顺序画出各个零件。

画图时从俯视图入手，从一对啮合齿轮画起，让齿轮的对称面与箱体对称面重合。先画出齿轮轴和与齿轮轴啮合的大齿轮，然后依次由内向外画出输出轴、轴上及两端各个零件，如挡油环、轴承、调整环和端盖等，画出减速器箱体，画出螺栓、圆锥销连接，如图 4-23（2）～图 4-23（6）所示。

在绘制装配零件时，如果发现某个零件有误，一定要查找原因，同时还应对零件草图上的尺寸进行修改，这也是对零件草图上尺寸的一次校核。然后再按投影关系画出主、左视图。

（3）绘制主视图上装配结构，如图 4-23（7）和图 4-23（8）所示。

（4）绘制左视图上装配结构，如图 4-23（9）和图 4-23（10）所示。

（5）绘制 A 向斜视图，如图 4-23（11）所示。

画装配图时应搞清装配体上各个结构及零件的装配关系，绘图时应注意以下结构问题：

① 轴系结构　减速器中的两直齿圆柱齿轮前后对称安装在箱体内，两轴均由深沟球轴承支承。轴向位置由端盖确定，而端盖嵌入箱体上对应的槽中。为了避免积累误差过大，保证装配要求，在轴上装有调整环。装配时选配一个调整环，使其轴向总间隙满足 (0.10 ± 0.02)mm 的要求。

② 油封装置　轴从透盖孔中伸出，孔与轴之间存在一定的间隙。为了防止油向外渗漏和异物进入箱体内，透盖内装有毛毡密封圈，密封圈紧紧套在轴上，与轴之间没有间隙。

③ 轴套　轴套用于齿轮的轴向定位，它是空套在轴上的，因此内孔应大于轴径。齿轮端面必须超出轴肩，以确保齿轮与轴套的接触，从而保证齿轮轴向位置的固定。

④ 画剖面线时，相邻两零件的剖面线方向相反，或方向相同但间距不同。

（6）标注尺寸，如图 4-23（12）所示。

装配图上应注意以下五类尺寸的标注：

① 规格性能尺寸　减速器的性能规格是由传动比及输出轴的功率、转速确定的，图中没有该项尺寸。

② 装配尺寸　比较重要的相对位置尺寸，如两轴线中心距、中心高尺寸。滚动轴承、齿轮与轴之间的配合尺寸及端盖与箱体孔之间的配合尺寸。

③ 总体尺寸　减速器的总长、总宽（两轴端距中心分别注出）、总高（通过计算或从图中量取）。

④ 安装尺寸　箱体底座上安装孔的直径、孔距及底面长宽，轴端直径、轴颈长及键槽尺寸。

⑤ 其他尺寸　齿轮的啮合宽度根据计算得到，装配时应该保证。

（7）编写零部件序号，填写标题栏、明细表及技术要求等，如图 4-23（13）所示。

（8）检查、加深，完成全图，如图 4-23（14）所示。

经检查校对后，擦去多余的图线，然后按线型加深，完成全图。

透盖连接、轴承连接、圆锥销连接、键连接、齿轮啮合、放油阀连接、螺钉连接、螺栓连接及游标连接等放大图如图 4-24 所示。

主视图、俯视图、左视图、A 向斜视图放大图及技术要求、明细表如图 4-25 所示。

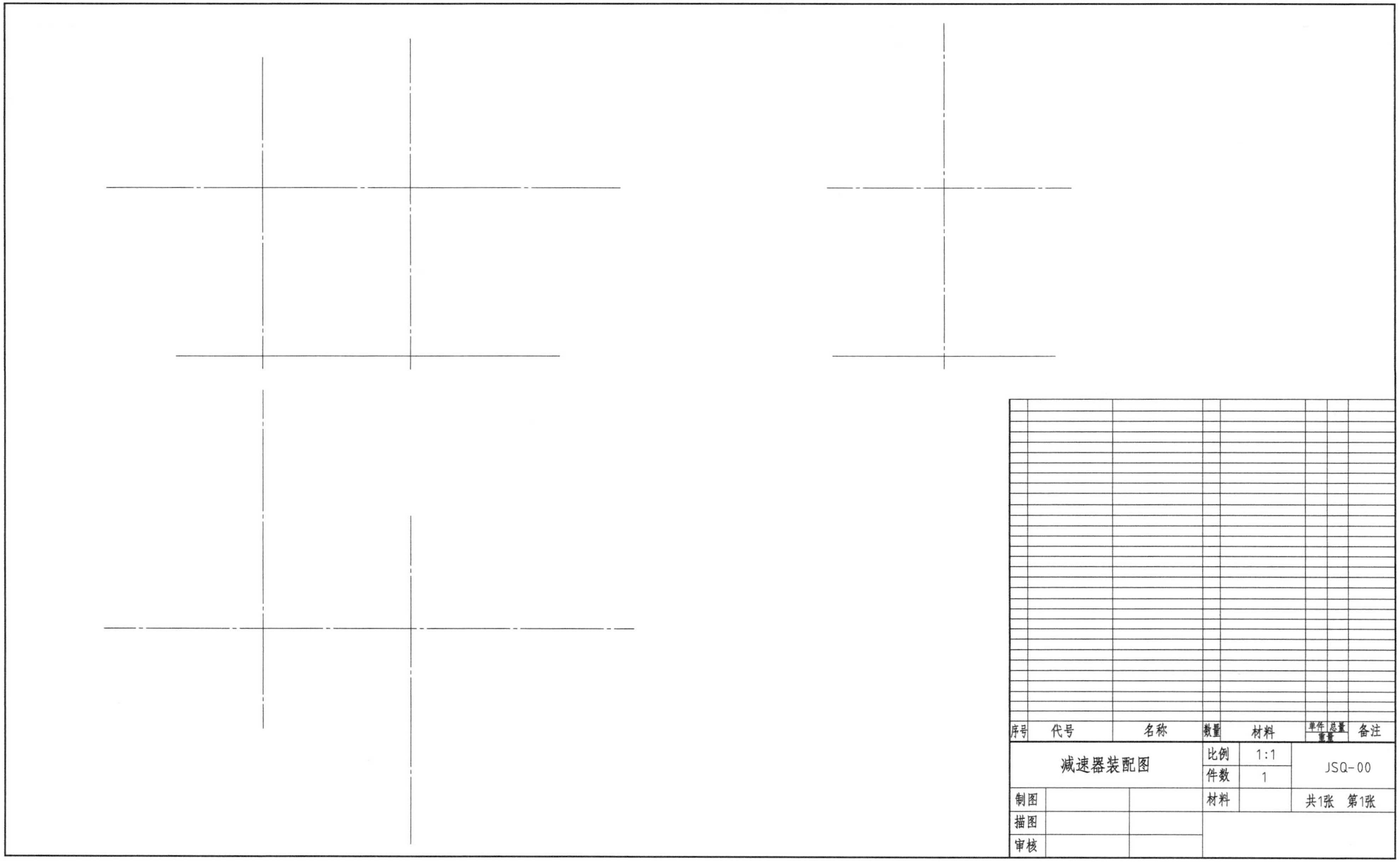

图 4-23（1） 绘制主要基准线

第四章 一级圆柱齿轮减速器测绘

图 4-23 (2) 绘制齿轮轴

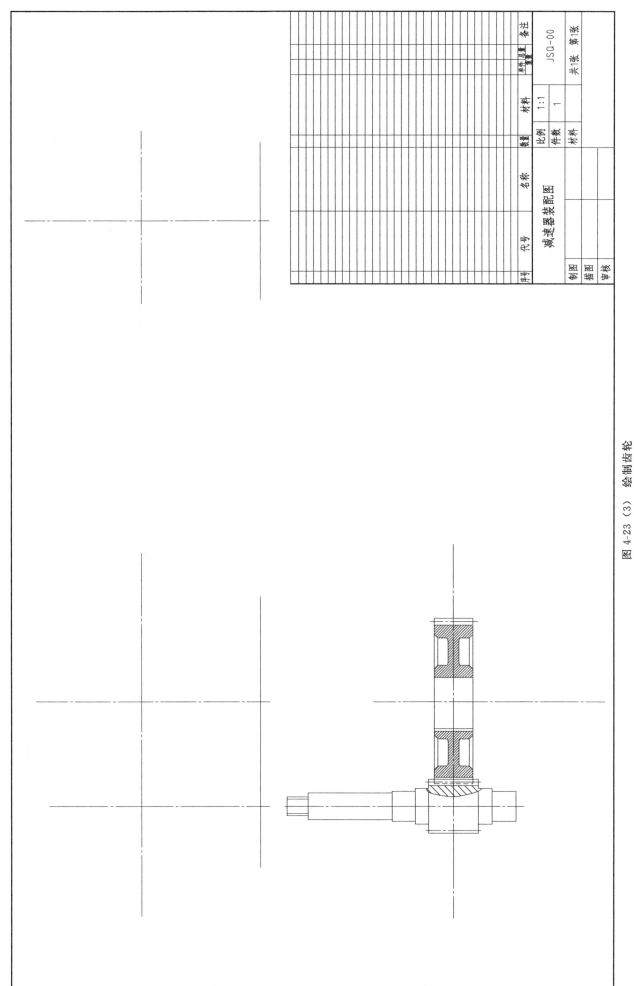

图 4-23（3） 绘制齿轮

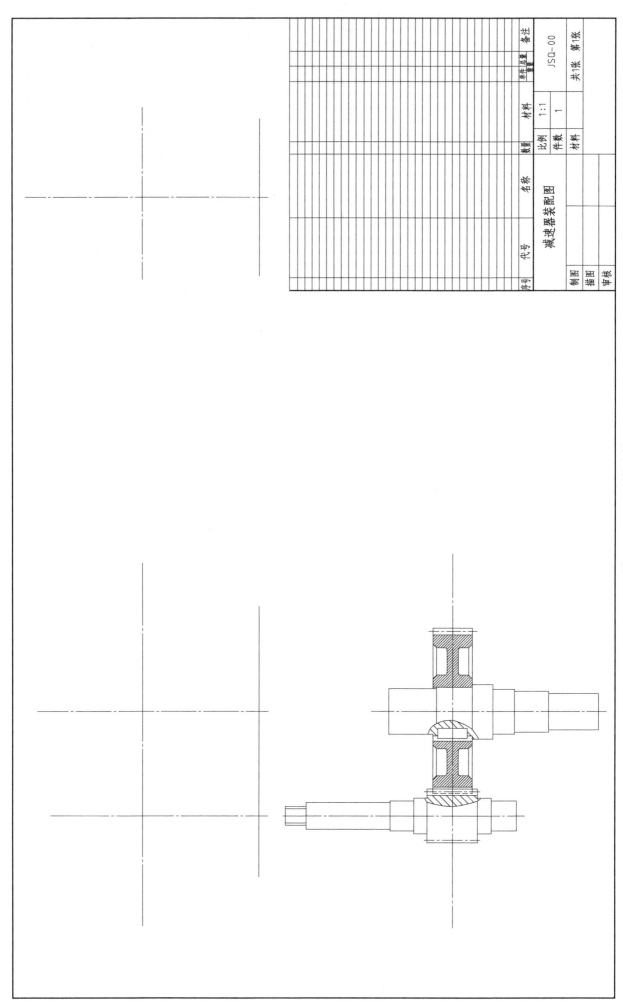

图 4-23 (4) 绘制输出轴

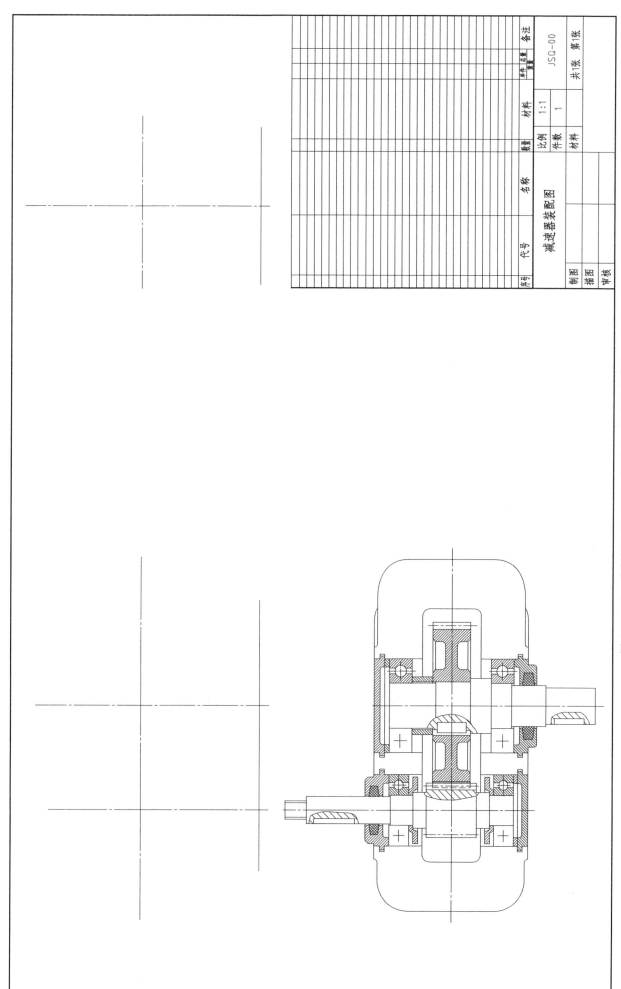

图 4-23（5） 绘制挡油环、轴承、调整环、端盖及箱体等

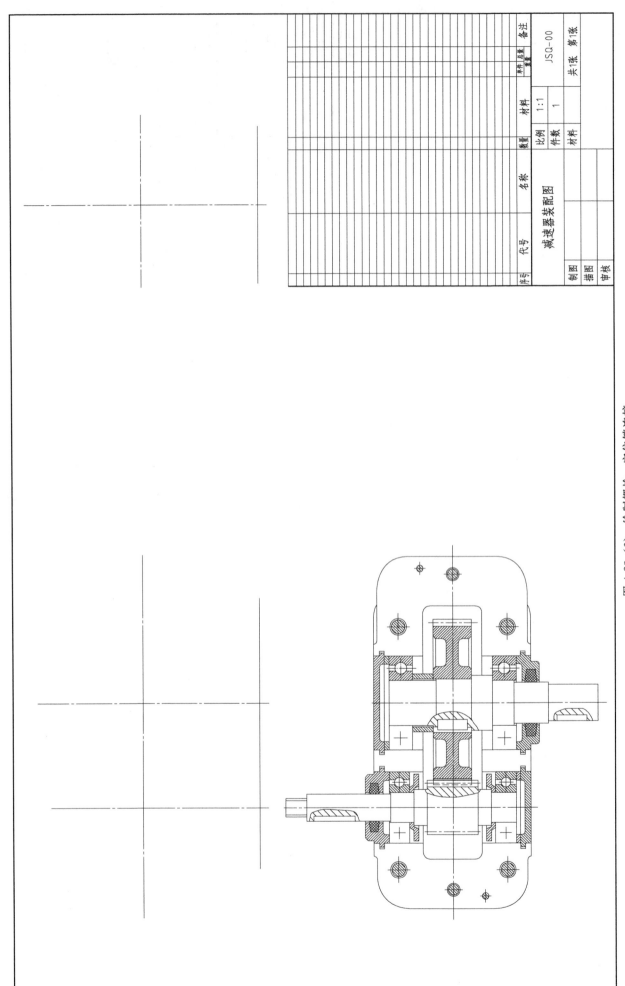

图 4-23（6） 绘制螺栓、定位销连接

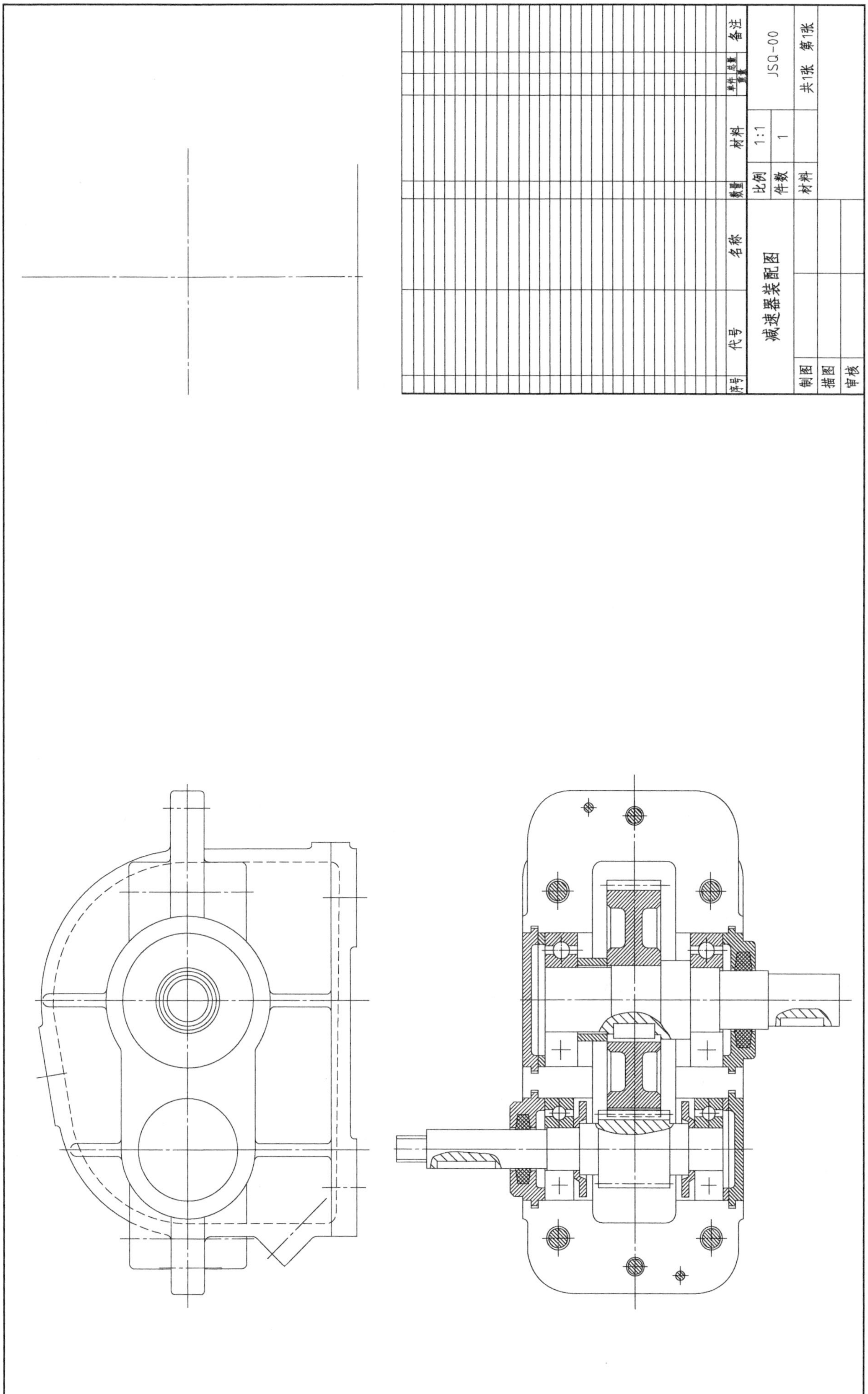

图 4-23（7） 绘制箱盖及箱体主视图的基本图形

第四章 一级圆柱齿轮减速器测绘

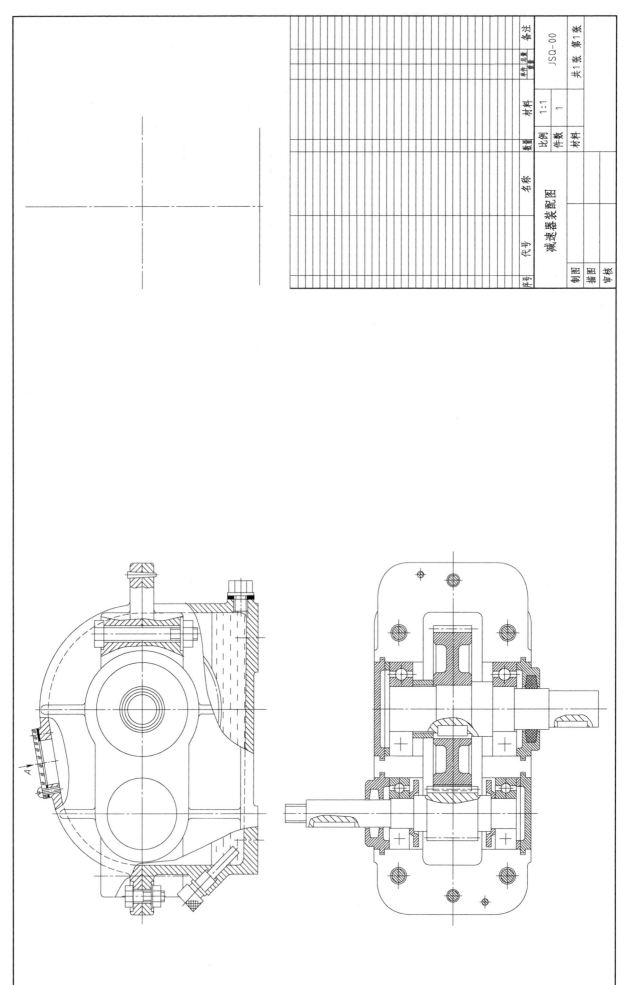

图 4-23（8）绘制油标、螺塞、定位销、螺栓、螺钉等连接

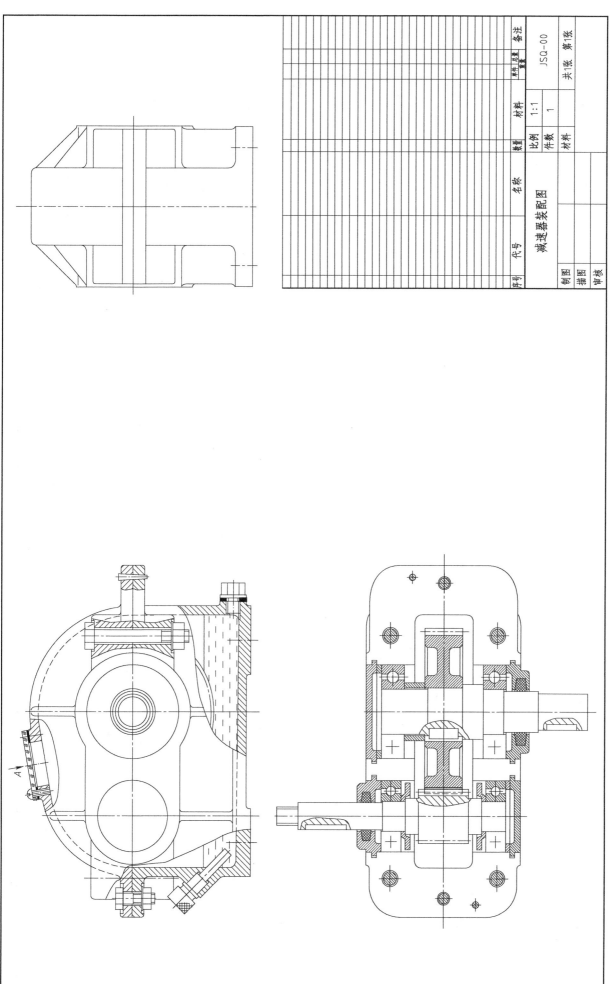

图 4-23（9） 绘制箱盖及箱体左视图的基本图形

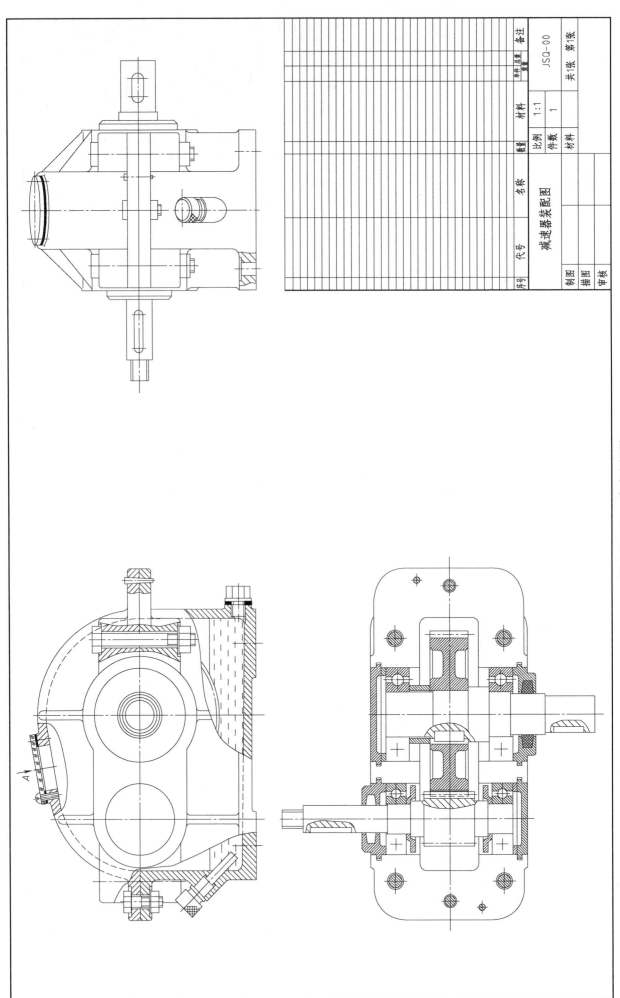

图 4-23 (10) 完成左视图

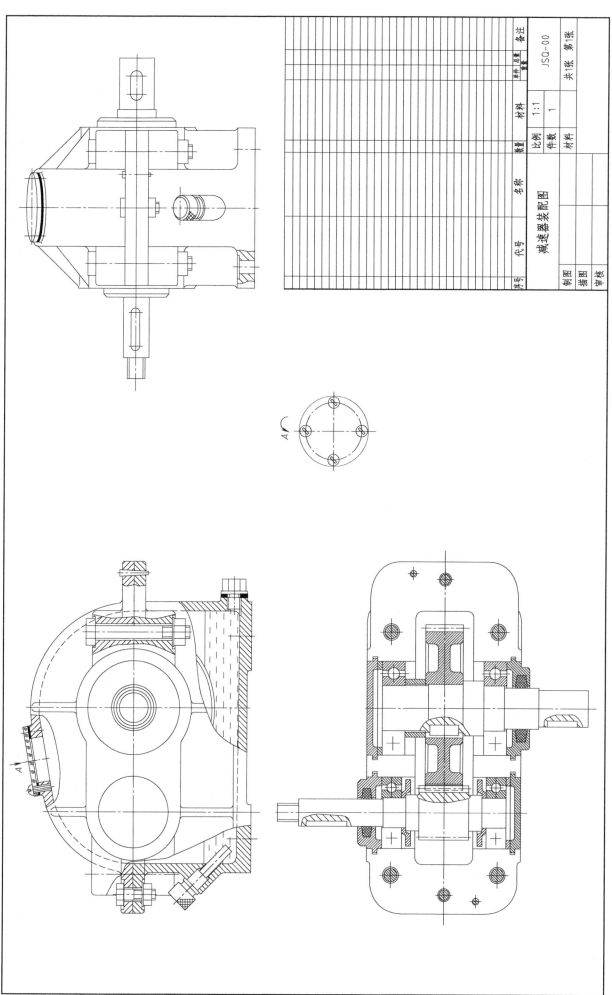

图 4-23 (11) 绘制 A 向斜视图

第四章 一级圆柱齿轮减速器测绘

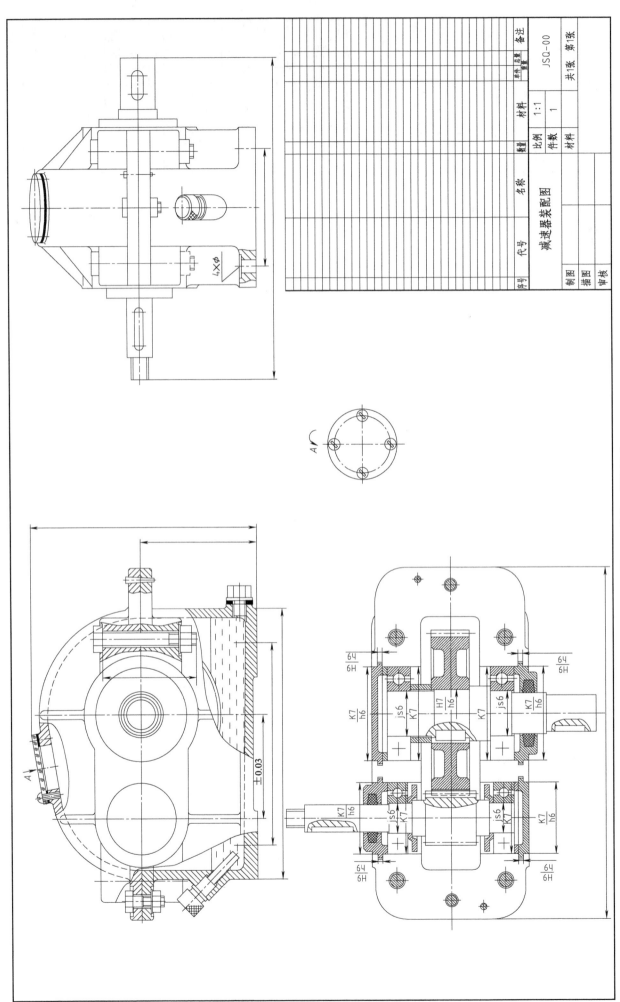

图 4-23 (12) 标注尺寸

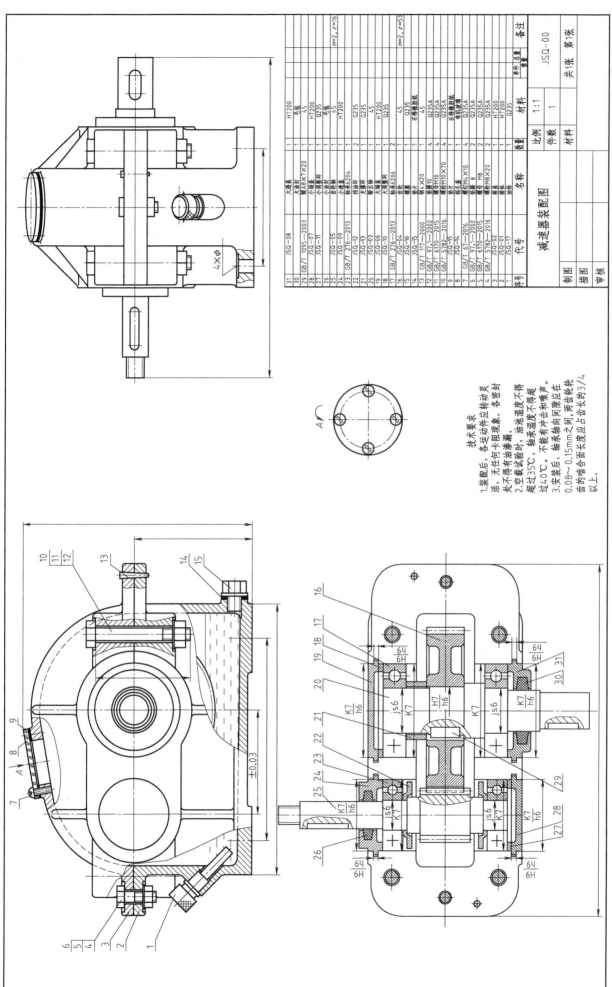

图 4-23 (13) 编写序号、填写标题栏、明细表及技术要求

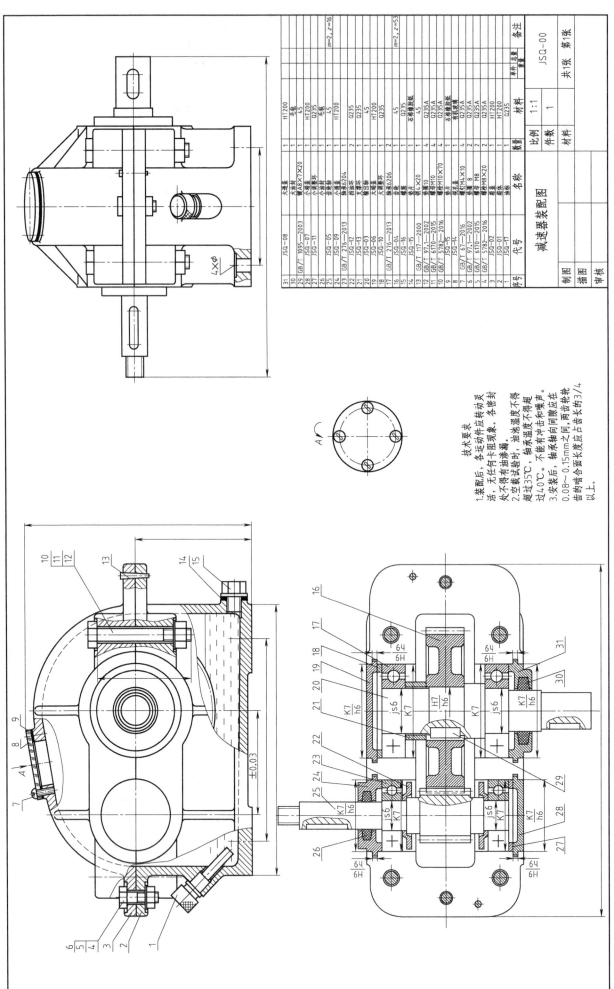

图 4-23 (14) 检查、加深、完成减速器装配图

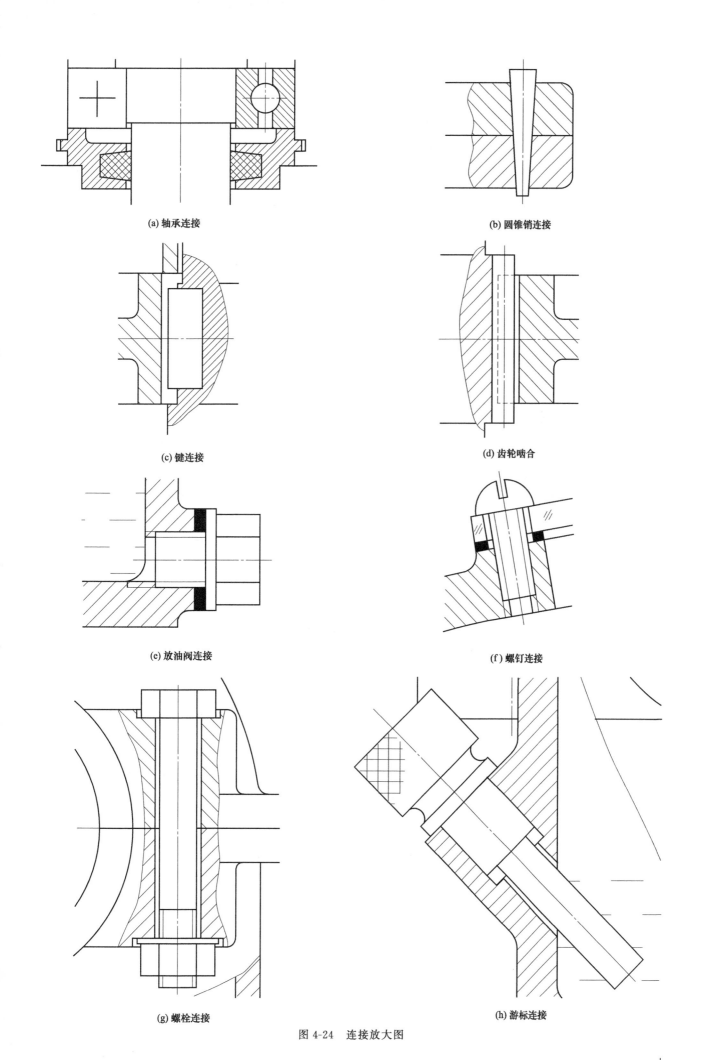

图 4-24 连接放大图

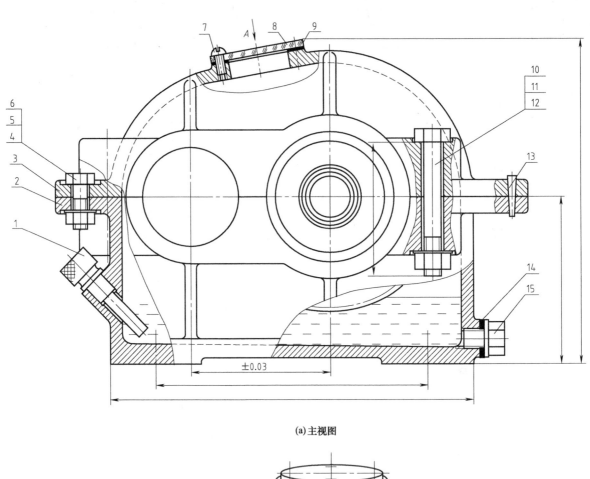

(a) 主视图

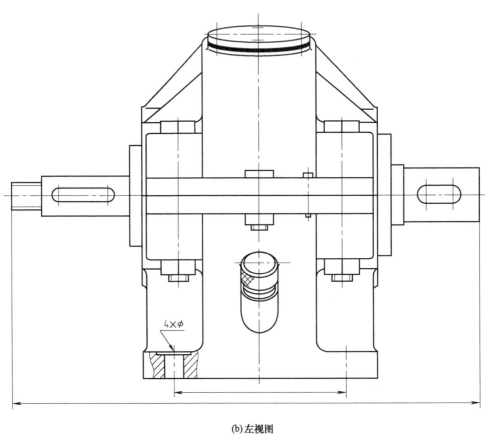

(b) 左视图

图 4-25 视图

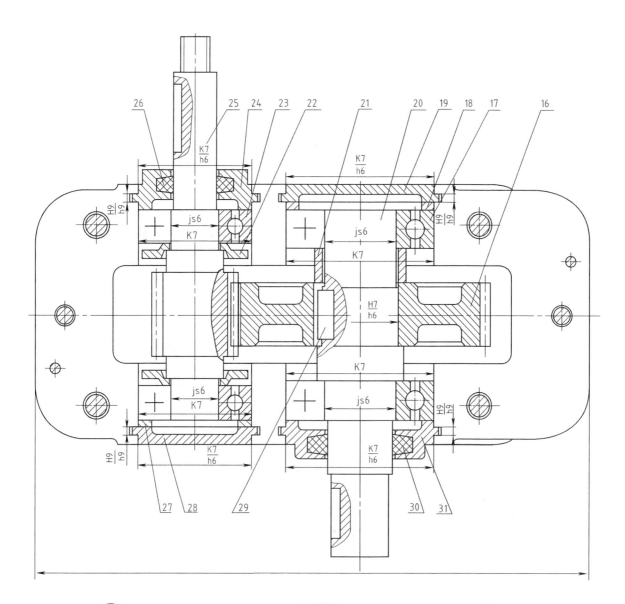

(c) 俯视图

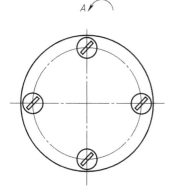

(d) A向斜视图

31	JSQ-08	大透盖	1	HT200			
30		大油封	1	毛毡			
29	GB 1095—2003	键A8×7×20	1	45			
28	JSQ-07	小端盖	1	HT200			
27	JSQ-11	小调整环	1	Q235			
26		小油封	1	毛毡			
25	JSQ-05	齿轮轴	1	45			m=2，z=16
24	JSQ-09	小透盖	1	HT200			
23	GB/T 276—2013	轴承6204	1				
22	JSQ-12	挡油环	2	Q235			
21	JSQ-13	支撑环	1	Q235			
20	JSQ-03	输出轴	1	45			
19	JSQ-06	大端盖	1	HT200			
18	JSQ-10	大调整环	1	Q235			
17	GB/T 276—2013	轴承6206	2				
16	JSQ-04	齿轮	1	45			m=2，z=53
15	JSQ-16	螺塞	1	Q235			
14	JSQ-15	垫片	1	石棉橡胶纸			
13	GB/T 117—2000	销4×20	2	45			
12	GB/T 97.1—2002	垫圈10	4	Q235A			
11	GB/T 6170—2015	螺母M10	4	Q235A			
10	GB/T 5782—2016	螺栓M10×70	4	Q235A			
9	JSQ-15	垫片	1	石棉橡胶纸			
8	JSQ-14	视孔盖	1	有机玻璃			
7	GB/T 67—2016	螺钉M4×10	4	Q235A			
6	GB/T 97.1—2002	垫圈 8	2	Q235A			
5	GB/T 6170—2015	螺母 M8	2	Q235A			
4	GB/T 5782—2016	螺栓M8×20	2	Q235A			
3	JSQ-02	箱盖	1	HT200			
2	JSQ-01	箱体	1	HT200			
1	JSQ-17	油标	1	Q235			
序号	代号	名称	数量	材料	单件重量	总重重量	备注

(e) 明细表

技术要求

1. 装配后，各运动件应转动灵活，无任何卡阻现象。各密封处不得有油渗漏。
2. 空载试验时，油池温度不得超过35℃，轴承温度不得超过40℃。不能有冲击和噪声。
3. 安装后，轴承轴向间隙应在0.08～0.15mm之间，两齿轮轮齿的啮合面长度应占齿长的3/4以上。

(f) 技术要求

表达

第五章

齿轮油泵测绘

第一节　齿轮油泵的基本知识

齿轮油泵是一种在供油系统中为机器提供润滑油的部件，广泛用于石油、化工、船舶、电力、医疗、冶金、公路等行业。测绘使用的齿轮油泵用于发动机的润滑系统，它将发动机底部油箱中的润滑油送到各运动部件，如主轴、连杆等。

齿轮油泵的工作机构是一对相互啮合的齿轮。齿轮油泵的工作原理是依靠齿轮啮合传动过程中工作容积的变化来传输液体，如图 5-1 所示。工作腔由泵体、泵盖和齿轮的各个齿间形成的多个密封工作腔构成，轮齿的啮合线将左右两腔隔开，形成了吸油腔和排油腔。当电动机带动主动齿轮轴逆时针方向转动时，主动齿轮轴带动从动齿轮轴转动，右侧吸油腔内的轮齿相继脱离啮合，右侧工作腔容积不断增大，形成部分真空，在大气压力作用下经吸油管从油箱吸进油液，并被旋转的轮齿齿间带入左侧。左侧排油腔由于轮齿不断进入啮合，左侧工作腔容积减小，油液受到挤压产生压力油经出油口被排出送往系统。

为防止排出管堵塞等原因造成排出油压过高，发生事故，在泵盖上设计有限压装置，它由钢球、弹簧、调压螺塞和圆螺母组成，如图 5-2 所示。正常运行时，限压装置处于关闭状态，当油压升高超过限压装置的额定压力时，高压油克服弹簧压力，将钢珠顶开，限压装置被打开，这时排油腔的一部分油通过安全阀里的通道返回吸油腔，使出口处压力降低，从而起到安全保护的作用。

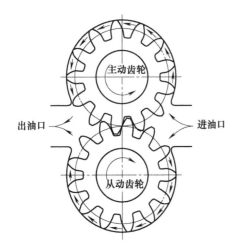

图 5-1　外啮合齿轮油泵工作原理

图 5-2　泵盖上安全阀装置

齿轮油泵的结构是由齿轮轴、泵盖和泵体、限压装置及附件四大部分组成，如图 5-3 所示。下面对这四部分的结构加以简要介绍和分析。

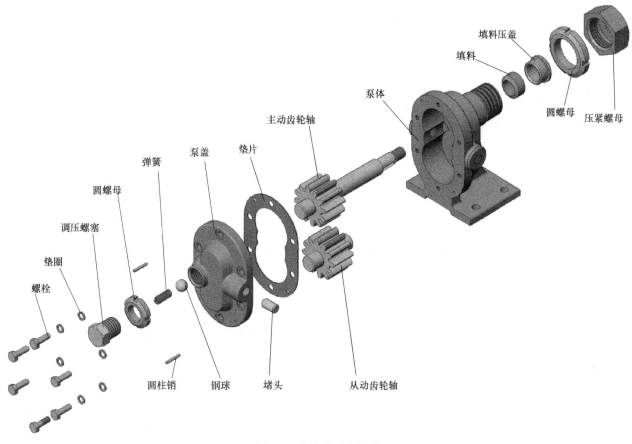

图 5-3 齿轮油泵的结构

一、齿轮轴

当齿根圆直径 $d_f \leqslant d_0$（轴径）或齿根到键槽的距离 $\leqslant (2 \sim 2.5)$ mm 时，可将齿轮与轴制成一体，称为齿轮轴，如图 4-6 所示。

1. 主动齿轮轴

由于主动齿轮较小，故将齿轮与轴制成一体，形成齿轮轴。齿轮部分是齿轮轴最重要的部分，当主从动齿轮做啮合运动时，润滑油被吸入和压出。齿轮轴左端轴径与泵盖轴孔配合，右端轴径与泵体轴孔配合，轴身装有用于密封的填料、填料压盖和压紧螺母，轴头键槽处装有传动齿轮、挡圈和螺母（没有画出）。

2. 从动齿轮轴

从动齿轮与主动齿轮啮合传动，完成吸油和压油工作。从动齿轮轴两端轴径分别与泵盖和泵体轴孔配合。

齿轮油泵有两条装配干线，一条是由主动齿轮轴及其上面的零件组成，另一条是从动齿轮轴。

二、泵盖和泵体

泵体是齿轮油泵中的主要零件之一，它的内腔可以容纳一对齿轮。将主动齿轮轴和从动齿轮轴装入泵体后，泵盖和泵体支承这一对齿轮轴做旋转运动。由销将泵盖与泵体定位后，再用螺钉将泵盖与泵体连接成整体。为了防止泵盖与泵体结合面处以及主动齿轮轴伸出端漏油，分别用垫片密封和填料、填料压盖及压紧螺母密封。泵体上的圆螺母与压紧螺母紧密接触，起到防松作用。

三、限压装置

限压装置由调压螺塞、圆螺母、弹簧和钢球组成，起到限制油压、保证整个润滑系统安全的作用。

四、附件

1. 圆柱销

齿轮油泵有两个圆柱销定位。为了保证泵盖和泵体螺栓孔同轴，在加工螺栓孔之前，将泵盖和泵体定位，并夹紧在一起加工圆柱销孔。安装圆柱销后，加工螺栓孔。

2. 螺栓及垫圈

齿轮油泵用 6 个螺栓将泵盖和泵体连接在一起，弹簧垫圈起到防松作用。

第二节　齿轮油泵的装配示意图

装配示意图是表达装配体中各零件的名称、数量、零件间相对位置和装配连接关系的图样。它是用简单的线条和国标规定的简图符号，徒手绘出的示意性图样。由于装配示意图是绘制装配图和拆卸零件后重新装配成装配体的依据。因此，正确绘制装配示意图是零部件测绘中的关键一步。

一、齿轮油泵装配示意图的视图表达

齿轮油泵装配示意图采用主视图和 $A—A$ 剖视图两个视图表达，如图 5-4 所示。主视图主要表达减速器外部零件的位置及连接关系。俯视图主要表达内部零件的位置及装配连接关系。

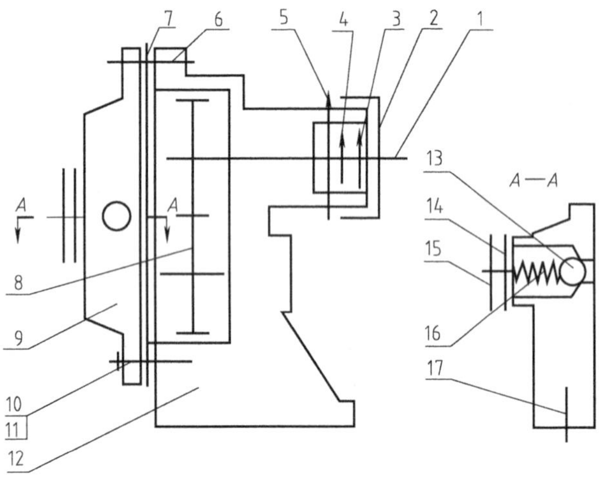

1. 主视图

首先用简单的线条绘出泵盖和泵体的大致轮廓，然后在泵体内确定两条装配干线的轴线位置，绘制主动齿轮轴、从动齿轮轴，在主动齿轮轴上绘制圆螺母、填料、填料压盖及压紧螺母；在泵盖内绘制回油圆柱孔；在泵盖与泵体之间绘制密封垫片、圆柱销、螺栓和弹簧垫圈组；在泵盖外绘制调压螺塞和圆螺母。

图 5-4　齿轮油泵装配示意图

2. $A—A$ 剖视图

$A—A$ 剖视图是沿回油圆柱孔轴线剖切，从上向下投影得到的视图。在该视图上绘制弹簧、钢球、调压螺塞、圆螺母和堵头。

二、零部件编号

装配示意图绘制完成后，在示意图上应对每个零部件进行编号。对同种规格的零件只编写一个序号，对同一标准的部件（如滚动轴承等）也只编写一个序号。

三、拆卸顺序

对装配示意图上每一个零件进行编号后，按着拆卸顺序拆卸零件，并将编号标签贴在拆卸的零件上，注意已拆卸零件标签上的编号与装配示意图上编号一致。

齿轮油泵拆卸顺序如下。

（1）从泵盖处旋下 6 个螺栓和垫圈组，把泵盖拆卸下来，并卸下密封垫片；

(2) 从泵体内取出从动齿轮轴；

(3) 从泵体另一端旋下压紧螺母，依次卸下填料压盖、填料；

(4) 从泵体内取出主动齿轮轴；

(5) 从泵盖处旋下调压螺塞、圆螺母，取出弹簧和钢球。

泵盖与泵体之间用于定位的圆柱销和泵盖上的堵头，可以不拆卸。

四、明细表

为便于管理和填写装配图明细表，将每个零件的明细按着序号顺序填写在表格中，对于标准件填写国标代号，见表 5-1。

表 5-1　明细表

序 号	代 号	名 称	材 料	数 量
1		主动齿轮轴	45	1
2		压紧螺母	Q235	1
3		填料压盖	Q235	1
4	GB/T 812—1988	圆螺母 M36×1.5	45	1
5		填料	石棉	1
6	GB/T 119.1	销 3m6×20	35	2
7		垫片	工业用纸	1
8		从动齿轮轴	45	1
9		泵盖	HT200	1
10	GB/T 5782	螺栓 M6×20	Q235	6
11	GB/T 97.1—2002	垫圈 6	65Mn	6
12		泵体	HT200	1
13		钢球 1/2″	40Cr	1
14	GB/T 812—1988	圆螺母 M20×1.5	45	1
15		调压螺塞	35	1
16	GB/T 2089	弹簧 YA 1×7×20	45	1
17		堵头	35	1

第三节　齿轮油泵测绘零件及视图表达

一、泵盖（图 5-5）

1. 视图表达

泵盖属非回转体的盘类零件，一般在铣床上加工。主视图投影方向按形状特征原则选取，放置位置按工作位置原则选取。主要结构采用主视图和左视图两个基本视图表达，其它结构采用局部视图和沿回油孔轴线的剖视图来表示。

主视图为剖视图，表达了主动齿轮轴孔、从动齿轮轴孔、柱形沉孔及其它部分的结构形状和位置。左视图表达外形轮廓、螺栓孔及圆柱销孔的分布情况。A 向局部视图表达了进油孔端的端面结构形状。沿回油孔轴线的剖视图表达了调压螺纹孔和回油孔的结构形状及位置。

2. 尺寸标注

泵盖右端面是长度方向的尺寸基准。从这个基准面出发，标注主从动齿轮轴孔的深度、调压螺纹孔左端面的尺寸，以此为辅助基准，标注螺纹深度和孔深尺寸。

泵盖上下对称面为高度方向的尺寸基准。对称标注上下半圆中心位置的高度尺寸。分别以上下圆心为基准标注各圆半径尺寸及圆柱销的定位角度尺寸。

泵盖上下圆心位置的连线为宽度方向的尺寸基准。以此基准标注确定调压螺塞孔中心位置尺寸。

标尺寸时，注意加工面与非加工面之间的联系尺寸只能有一个。

3. 表面结构要求

泵盖的加工表面有：右端面、主从动齿轮轴孔、调压螺塞孔及端面、回油孔，各表面的结构要求如图 5-5 所示。

4. 技术要求

未注圆角 $R2 \sim R3$。

二、泵体（图 5-6）

1. 视图表达

泵体属箱体类零件，结构比较复杂，采用主视图、俯视图、左视图及右视图四个基本视图来表达。

主视图投影方向按形状特征原则选取，放置位置按工作位置原则选取。主视图为通过 $A—A$ 的旋转全剖视图，表达了泵体内部、圆柱销孔、主从动齿轮轴孔的结构形状，表达了盲孔螺纹、肋板的形状，出油孔的形状和位置，表达了泵体外部结构形状。

左视图为局部剖视图，表达了端面和安装主从动齿轮内腔的形状、圆柱销孔和螺栓孔的分布位置。左视图有两处局部剖，沿进出油孔轴线的剖切和底板孔轴线的剖切，分别表达进出油孔、底板孔的结构和位置。

右视图表达了泵体外形的结构形状。

俯视图为 $B—B$ 位置的剖视图，采用对称图形的简化画法。表达底板孔的分布位置，支承板和肋板的断面形状。

2. 尺寸标注

泵体左端面为长度方向的基准，半圆柱前后方向的对称中心线为宽度方向的基准，底板的底面为高度方向的尺寸基准。

3. 表面结构要求

泵体内腔圆柱面与齿轮齿顶、主从动齿轮轴与轴孔有配合要求，故表面结构要求最高。左端面和内腔右端面表面结构要求次之。

4. 技术要求

（1）未注圆角 $R3$。

（2）不加工面涂防锈漆。

三、主动齿轮轴（图 5-7）

1. 视图表达

主视图轴线水平放置，大端在左，小端在右，键槽朝向观察者。用断面图表达键槽的断面结构形状和键槽深度。

2. 尺寸标注

轴线为径向的尺寸基准，齿轮左端面为轴向的设计基准，轴两端为轴向的工艺基准。齿轮宽度为主要尺寸，直接标注，其它尺寸根据加工顺序标注。

3. 表面结构要求

齿顶面、与泵体轴孔配合段，表面结构要求最高，端面和齿面表面结构要求次之。

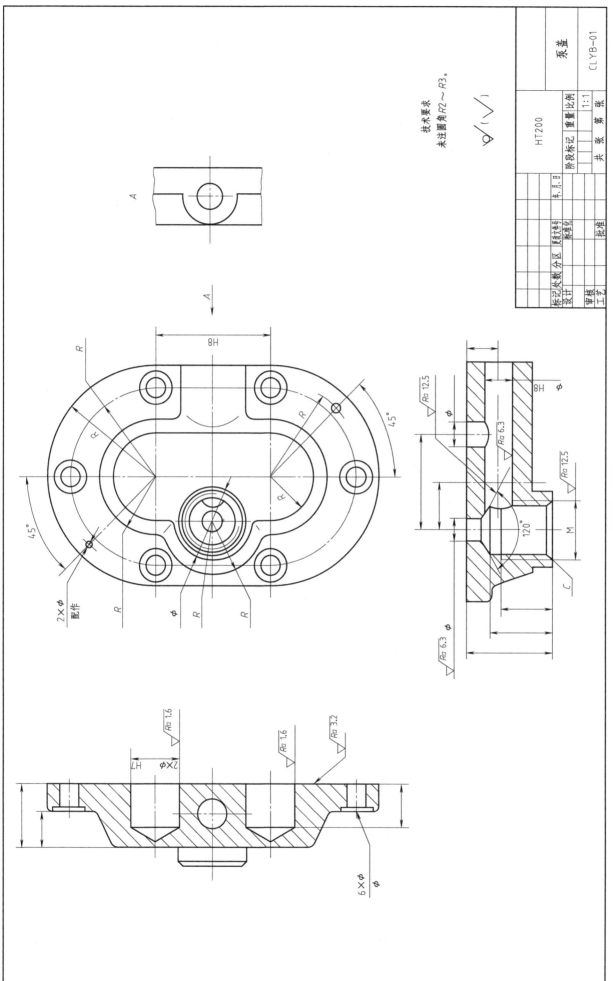

图 5-5 泵盖

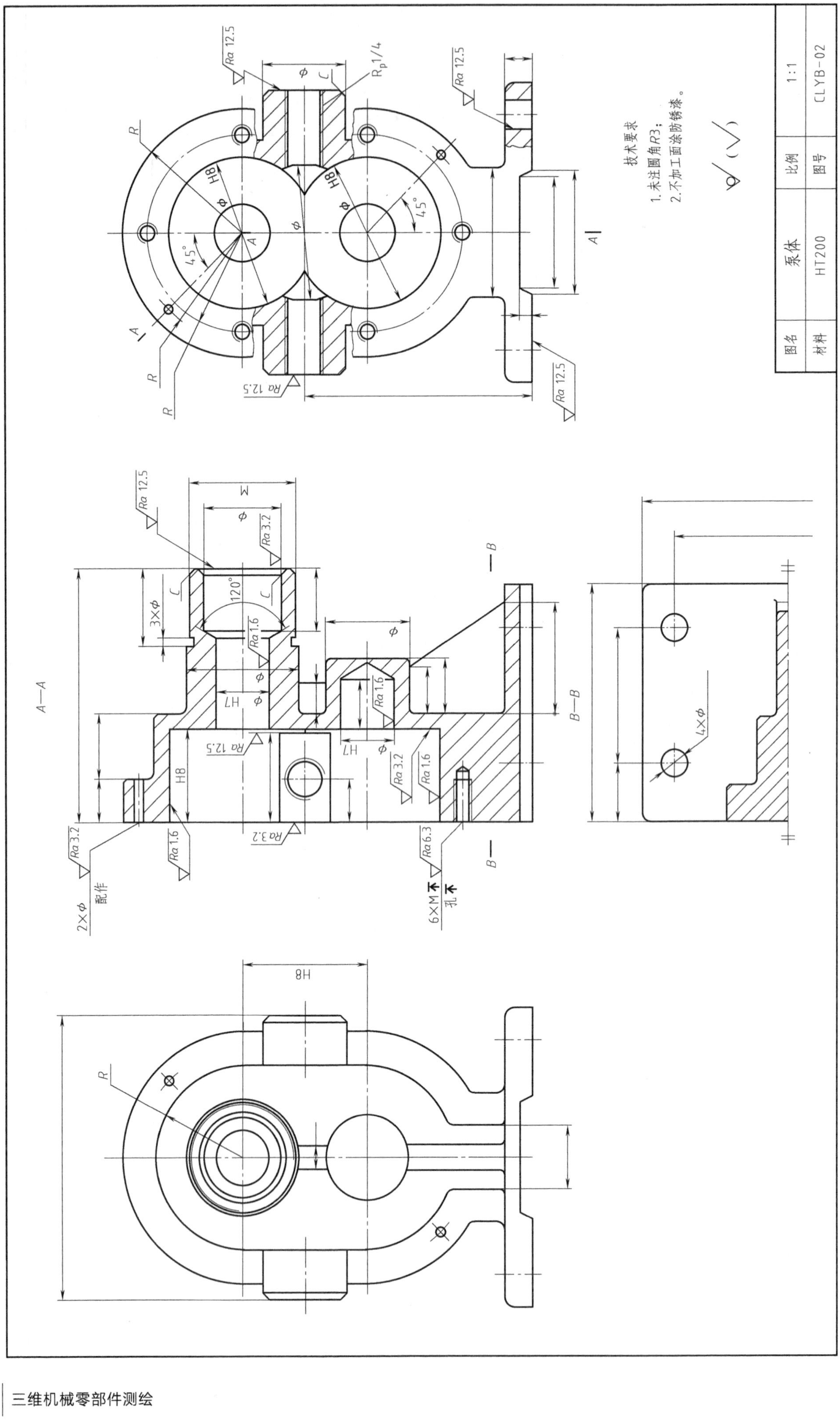

技术要求
1. 未注圆角R3;
2. 不加工面涂防锈漆。

图 5-6 泵体

图名	泵体	比例	1:1
材料	HT200	图号	CLYB-02

54 | 三维机械零部件测绘

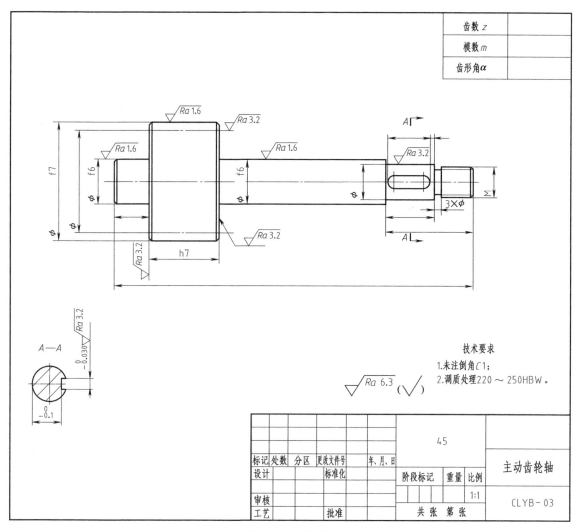

图 5-7 主动齿轮轴

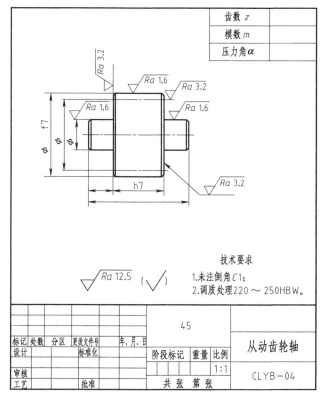

图 5-8 从动齿轮轴

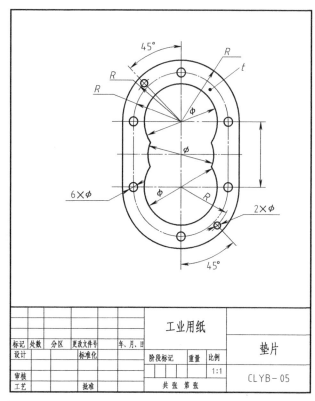

图 5-9 垫片

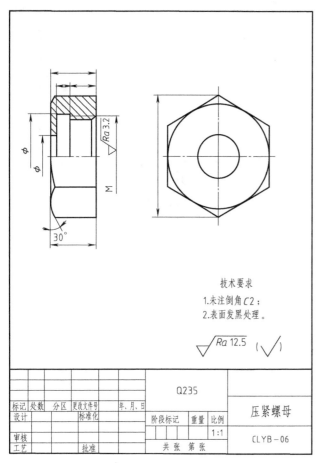

图 5-10 压紧螺母

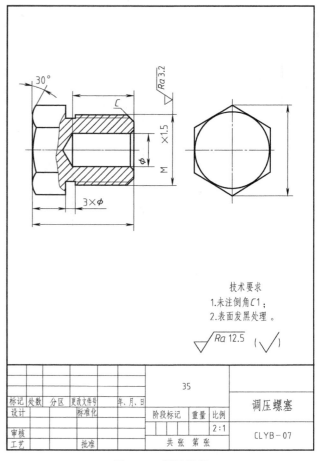

图 5-11 调压螺塞

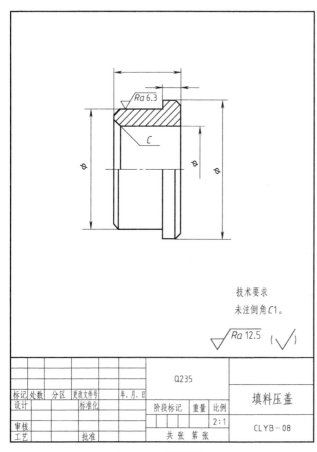

图 5-12 填料压盖

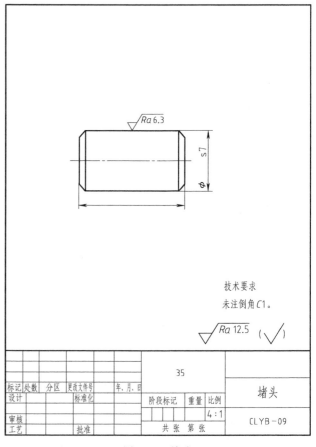

图 5-13 堵头

4. 技术要求

(1) 未注倒角C1。

(2) 调质处理220~250HBW。

四、从动齿轮轴（图5-8）

从动齿轮轴结构简单，采用主视图轴线水平放置的视图即可。

尺寸标注、表面结构要求及技术要求可参照主动齿轮轴的情况分析确定。

五、其它零件（图5-9～图5-13）

其它零件的视图表达、尺寸标注、表面结构要求等技术要求，参见图5-9～图5-13。

第四节　齿轮油泵装配图

画装配图时，对零件草图上的差错及有关零件间的不协调处（如有配合关系的轴与孔，其基本尺寸是否一致，它们的表面结构等级是否协调等）应予以改正。

一、确定表达方案

齿轮油泵有两条主要的装配干线和多条次要的装配干线。采用主视图、俯视图和左视图三个基本视图的表达方案，以表达齿轮油泵的工作原理、零件间的主要装配关系、传动路线、连接方式及主要零件结构形状的特征。主视图采用两个相交平面剖切得到的全剖视图A—A和齿轮啮合部分的局部剖视图，剖切位置通过销孔中心和泵体的前后对称面。主视图表达了两齿轮沿轴线方向的啮合关系、主要装配干线上各零件的位置和连接关系以及圆柱销和螺栓连接关系。俯视图采用通过调压螺塞轴线的局部剖视图C—C，主要表达限压装置装配干线上各零件的位置及连接关系。左视图有三处局部剖视图，沿垫片与泵体结合面的剖切，表达两齿轮沿垂直于轴线方向的啮合关系；沿进油孔轴线的剖切，主要表达进油孔的位置及结构；沿底板孔处对称中心线的剖切，表达底板孔的结构。

二、画装配图的步骤

画装配图时，螺纹退刀槽、砂轮越程槽、倒角、圆角等工艺结构可以省略不画，细小结构采用夸大画法。先在2号图纸上绘制图幅、图框及标题栏，再根据装配体中零件的数量绘出明细表，然后按下列步骤绘制装配图。

(1) 根据表达方案合理布图，画出主要基准线，如图5-14（1）所示。主视图中两条水平点画线为主动齿轮轴和从动齿轮轴的轴线，垂直细实线为泵体左端面的投影线，水平细实线为泵体底面的投影线。俯视图中水平点画线为主从动齿轮轴的轴线，垂直点画线为进出油圆柱孔的轴线，垂直细实线为泵体左端面的投影线。左视图中上下两条水平点画线分别为主动齿轮轴和从动齿轮轴的轴线，中间点画线为进出油圆柱孔的轴线，水平细实线是泵体底面的投影线。

(2) 采用由外向内的画图方法，先画出主要零件的部分轮廓线，画装配干线上起定位作用的零件，再依次画出装配干线上的其它各个零件，画出其它装配结构。

① 画图时从左视图入手，画出螺栓的定位圆，确定螺栓的位置，画出圆柱销的定位圆，确定螺栓和圆柱销的位置。画出限压装置对称中心线，确定限压装置的位置。画出泵盖的外部轮廓、泵体的部分外部轮廓，画出泵体底座连接孔的轴线，确定连接孔的位置。绘制剖切符号，确定主视图的剖切

位置 A—A，如图 5-14（2）所示。

② 按照左视图给出的 A—A 剖切位置，画出全剖的主视图。先画泵盖和泵体的部分外部轮廓，再绘制圆柱销孔、螺纹孔、垫片、泵体底板连接孔的轴线，如图 5-14（3）所示。

③ 绘制俯视图。绘制泵盖、泵体的外部轮廓线及垫片的投影线，如图 5-14（4）所示。

④ 绘制主、从动齿轮轴，齿轮啮合区采用局部剖视图的画法。主、从动齿轮剖面线方向相反。当采用剖视图表达且剖切平面通过两啮合齿轮的轴线时，在啮合区内将主动齿轮的轮齿用粗实线绘制，从动齿轮的轮齿被遮挡的部分用细虚线绘制，所以从动轮齿的齿顶线为细虚线，如图 5-14（5）所示。

⑤ 绘制主动齿轮轴上各零件，先绘制填料压盖，使其凸缘左侧端面与泵体端面重合，填料压盖左侧端面与泵体剩余空间为填料，然后依次绘制压紧螺母、圆螺母，如图 5-14（6）所示。

⑥ 绘制螺栓连接和圆柱销连接。主视图为螺栓连接和圆柱销连接的轴向剖视图，实心杆件，若按纵向剖切，且剖切平面通过其轴线时，按不剖画出，螺栓和圆柱销在主视图上不画剖面线。用剖视图表示内外螺纹连接时，其旋合部分应按外螺纹的画法绘制，其余部分仍按各自的画法绘制，该处的螺栓连接为盲孔连接，应注意螺栓和盲孔大小径线型的表示，其放大图，如图 5-15（a）所示。左视图为沿 B—B 的局部剖视图，沿泵盖和泵体的结合面剖切，结合面上不画剖面线，但被剖切的其它零件，如从动齿轮轴、螺栓、销等，则应画出剖面线，并注意同一零件剖面线方向、间隔，在各个视图上必须一致，如图 5-14（7）所示。

⑦ 绘制限压装置、堵头、进油孔及泵体底座孔。主视图限压装置没有被剖切到，故只绘制调压螺塞头和圆螺母的外形投影。俯视图为沿调压螺塞轴线剖切的局部剖视图，该剖切位置也通过进油和出油圆柱孔的轴线，该视图表达了限压装置的结构及工作原理、堵头的形状和位置以及进油和出油圆柱孔的形状和位置。左视图为局部剖视图，只画出了调压螺塞头和圆螺母的部分投影；在该视图局部剖的基础上，通过进油圆柱孔轴线再做一次局部剖切，进一步表达进油孔与泵体内部连接情况；绘出底板孔的局部剖视图，如图 5-14（8）所示。

（3）绘制剖面线。在剖视图中，相邻两个零件的剖面线方向相反，或方向相同但是间距不相等或错开。同一零件在同一个装配图的各个剖视图中的剖面线方向、间隔必须一致。当零件的厚度≤2mm 时，允许用涂黑代替剖面符号，如泵盖与泵体之间垫片在主俯视图的画法，如图 5-14（9）所示。

（4）标注尺寸，如图 5-14（10）所示。

装配图上应注意以下五类尺寸的标注：

① 规格性能尺寸　齿轮油泵的性能规格尺寸是进出口螺纹尺寸。

② 装配尺寸　比较重要的相对位置尺寸，如两轴线中心距、进油孔和出油孔中心高尺寸及端面之间的尺寸。主从动齿轮轴与轴孔、齿顶与泵体、圆柱销与孔、堵头与孔之间的配合尺寸。

③ 总体尺寸　齿轮油泵的总长、总宽、总高尺寸。

④ 安装尺寸　泵体底座上安装孔的直径及孔距长宽方向的尺寸。

⑤ 其它尺寸　齿轮的啮合宽度尺寸是根据计算得到的，装配时应该保证。

（5）编写零部件序号，填写标题栏、明细表及技术要求等，如图 5-14（11）所示。

将装配图上所有的零件包括标准件在内，按一定顺序编号，对同种规格的零件只编写一个序号，对同一标准的部件也只编一个序号，序号应沿水平或铅垂方向按顺时针或逆时针整齐排列。

（6）检查、加深，完成全图，如图 5-14（12）所示。

经检查校对后，擦去多余的图线，然后按线型加深，完成全图。

螺栓连接、圆柱销连接、齿轮啮合、进油孔局部剖、限压装置连接和压盖连接的放大图，如图 5-15 所示。

主视图、俯视图、左视图放大图及明细表如图 5-16 所示。

图 5-14（1） 绘制主要基准线

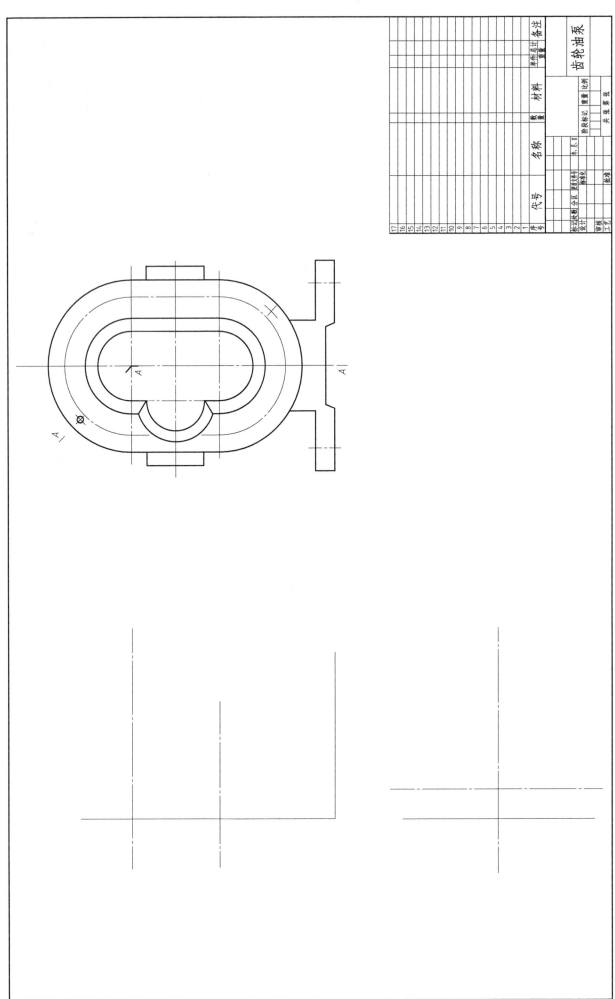

图 5-14（2） 绘制左视图

图 5-14（3） 绘制主视图

第五章 齿轮油泵测绘

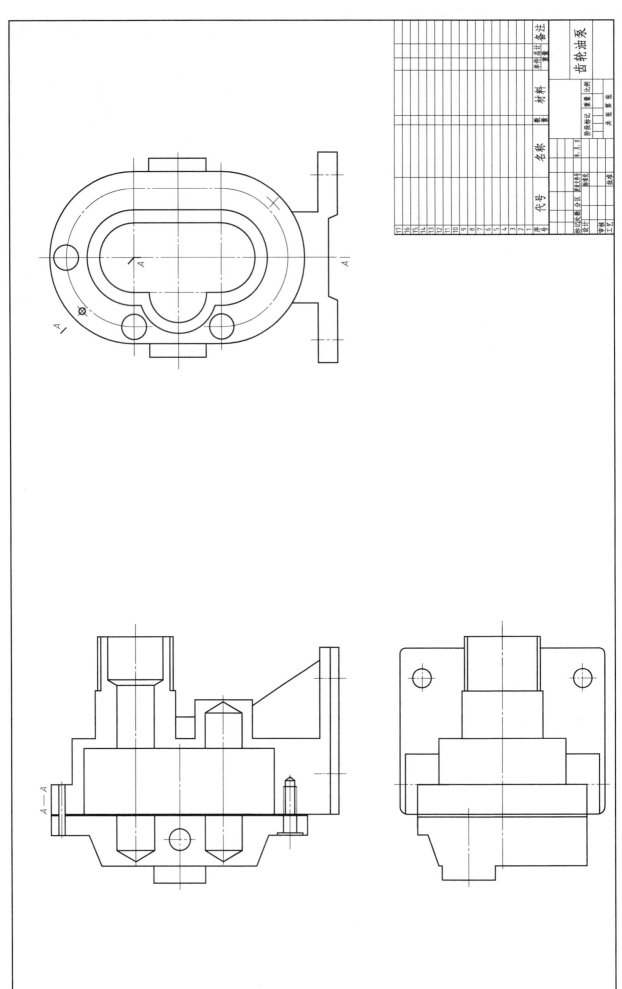

图 5-14 (4) 绘制俯视图

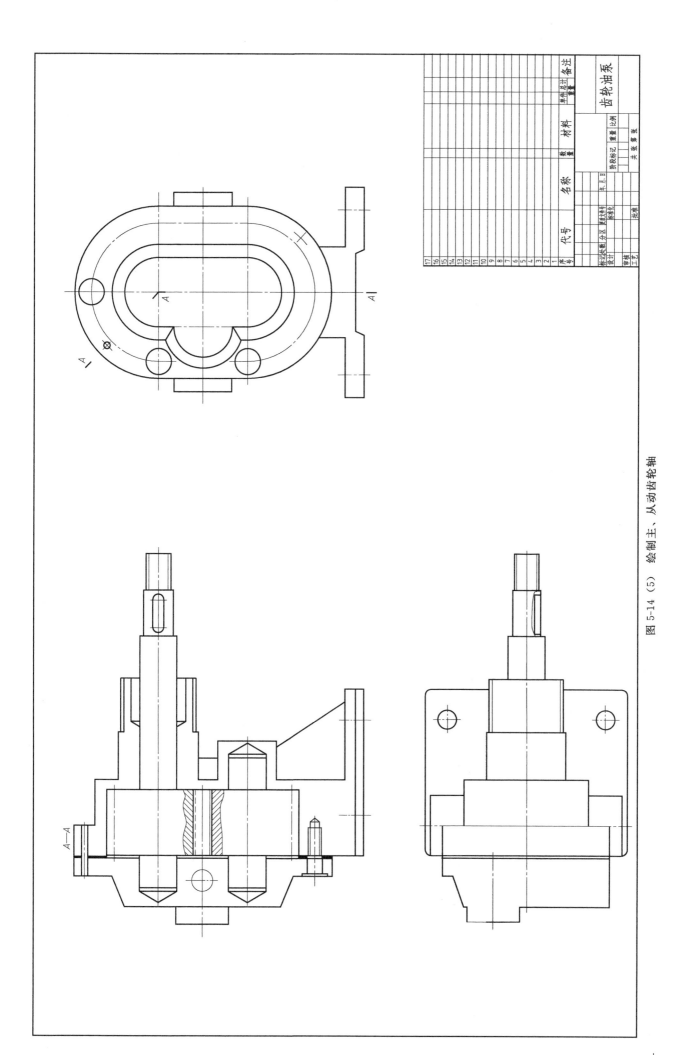

图 5-14（5） 绘制主、从动齿轮轴

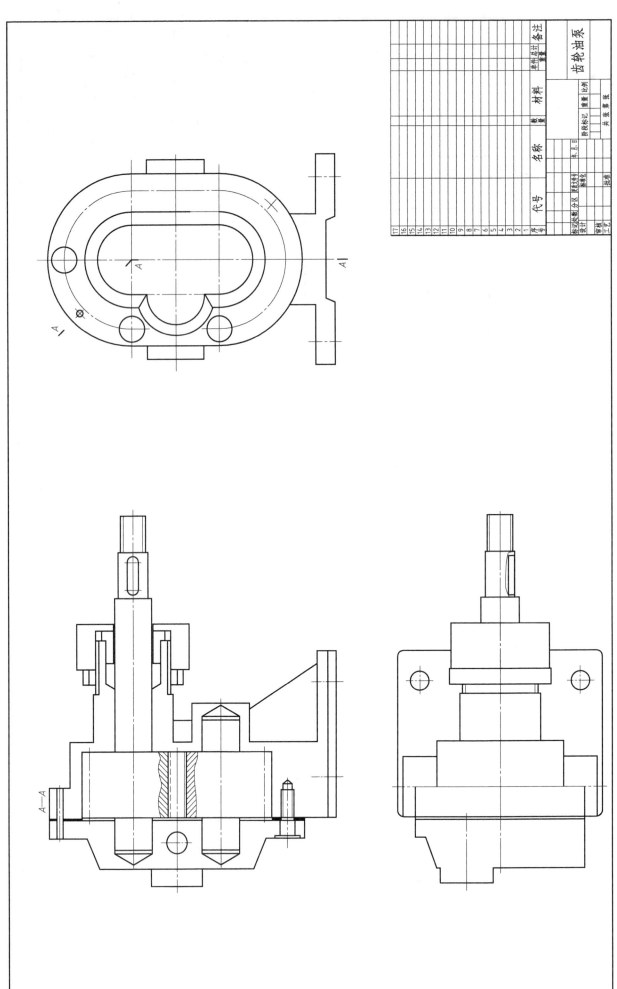

图 5-14 (6) 绘制主动齿轮轴上各零件

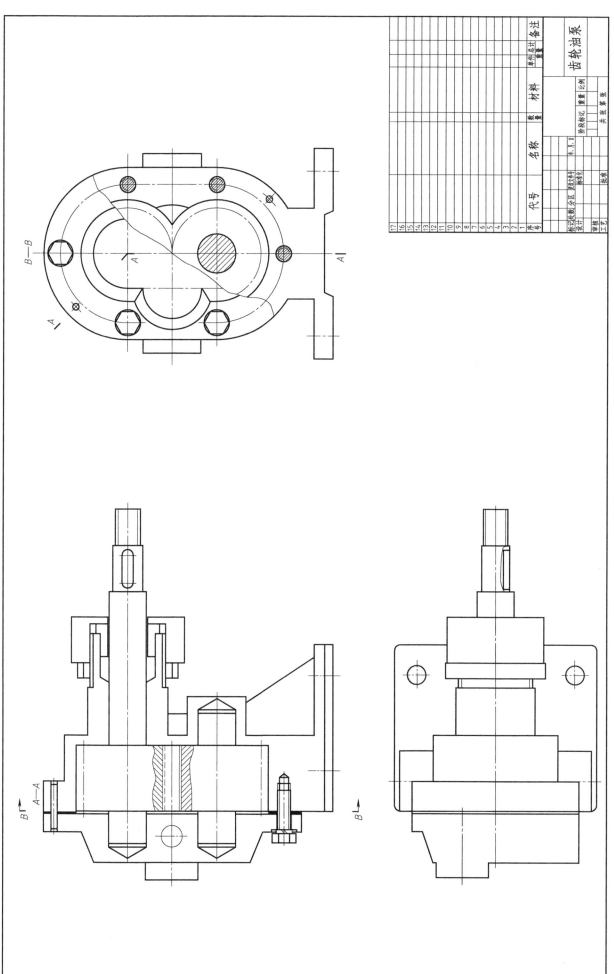

图 5-14（7） 绘制螺栓连接和圆柱销连接

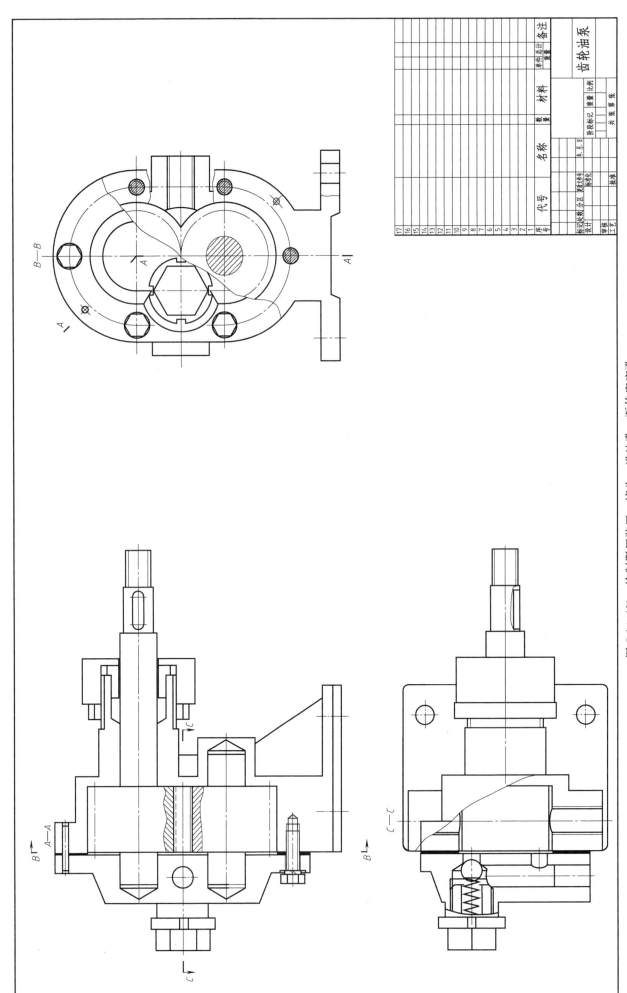

图 5-14（8） 绘制限压装置、堵头、进油孔、泵体底座孔

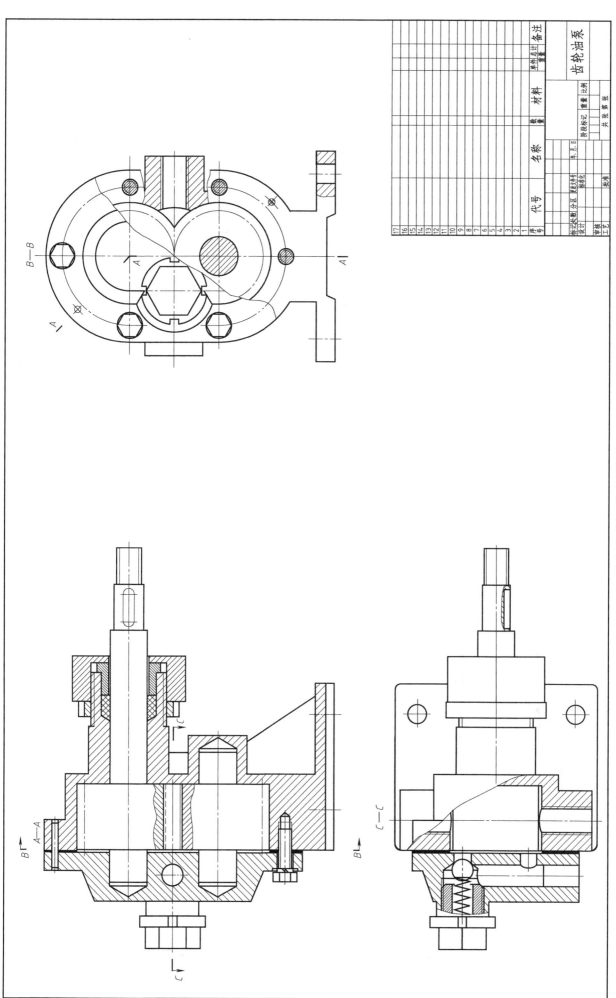

图 5-14 (9) 绘制剖面线

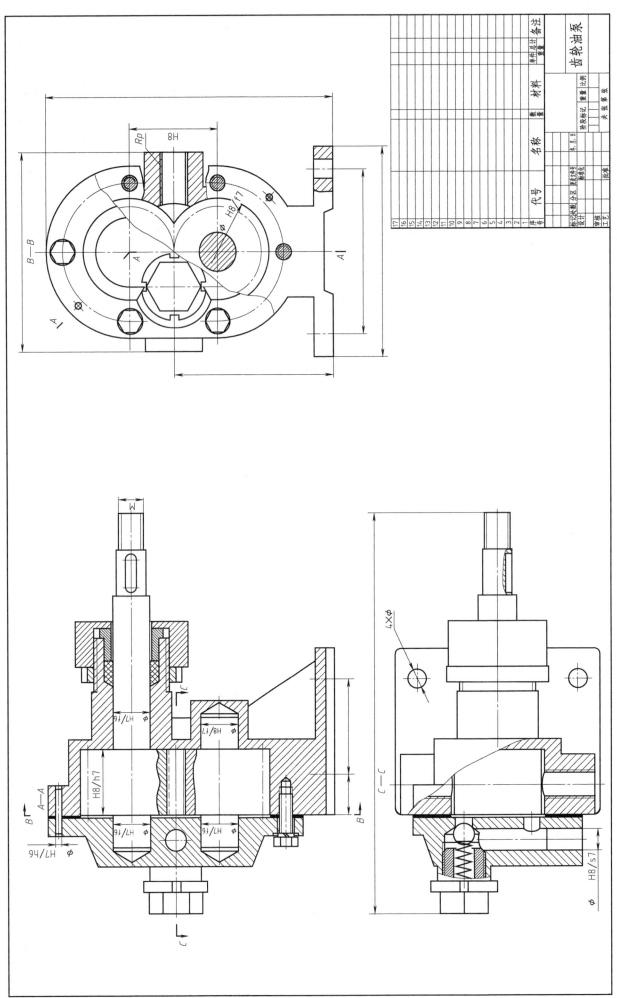

图 5-14 (10) 标注尺寸

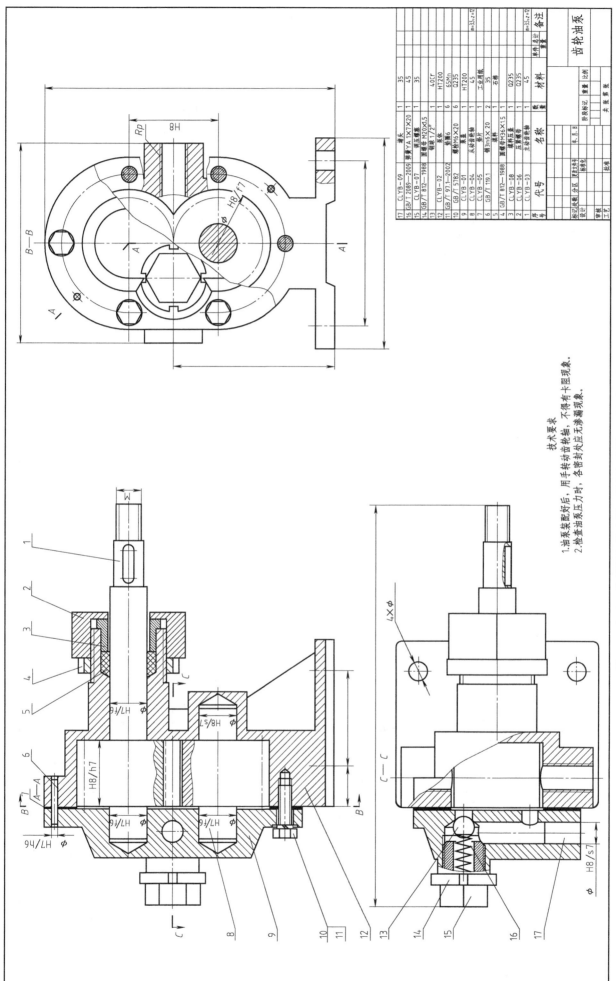

图 5-14（11） 编写零部件序号、填写标题栏和明细表及技术要求

第五章 齿轮油泵测绘 | 69

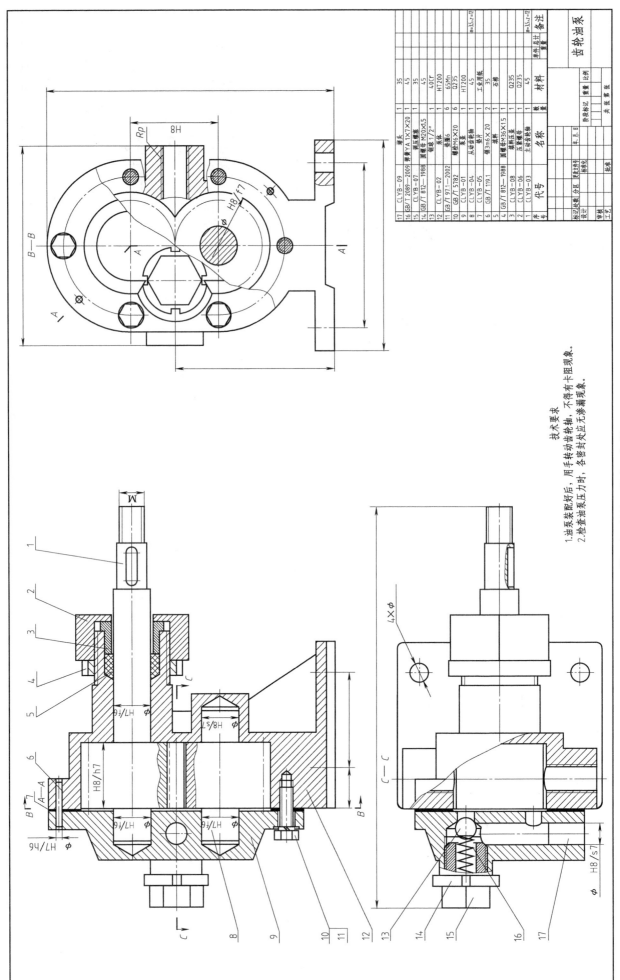

图 5-14 (12) 检查、加深

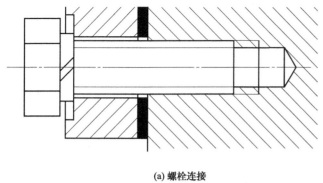

(a) 螺栓连接

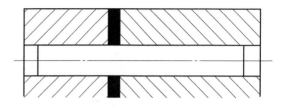

(b) 圆柱销连接

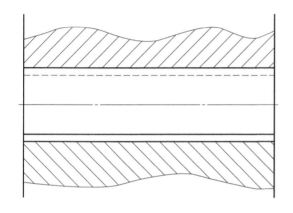

(c) 齿轮啮合

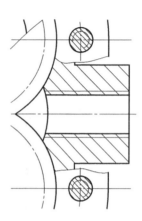

(d) 进油孔局部剖

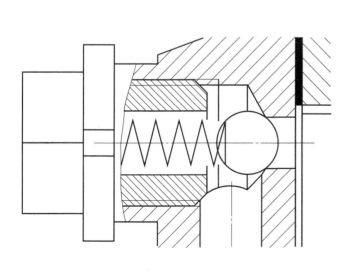

(e) 限压装置连接

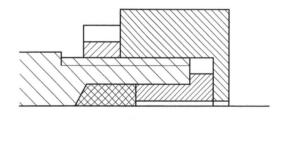

(f) 压盖连接

图 5-15　放大图（1）

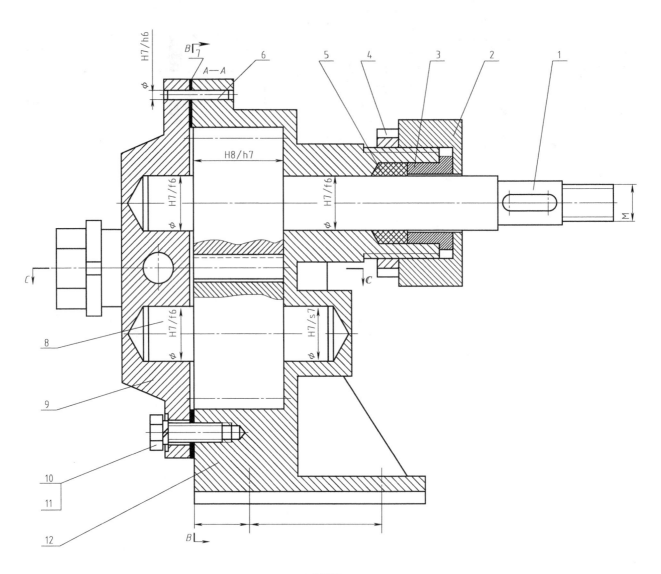

(a) 主视图

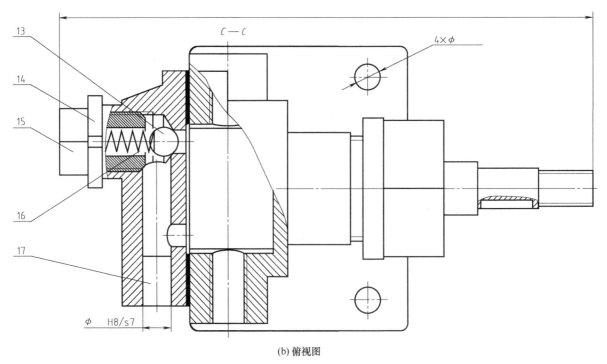

(b) 俯视图

图 5-16

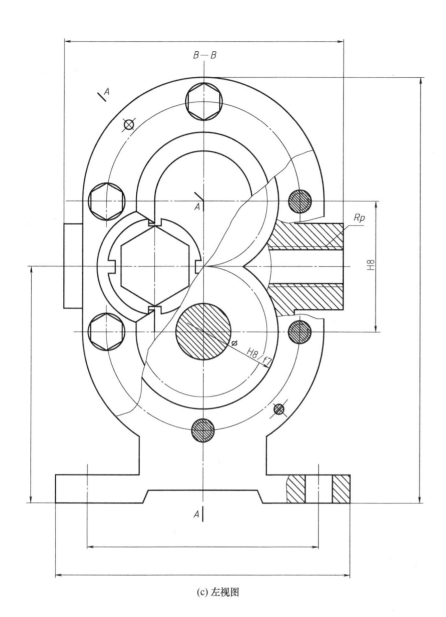

(c) 左视图

17	CLYB-09	堵头	1	35			
16	GB/T 2089—2009	弹簧YA 1×7×20	1	45			
15	CLYB-02	调压螺塞	1	35			
14	GB/T 812—1988	圆螺母 M20×1.5	1	45			
13		钢球 1/2″	1	40Cr			
12	CLYB-02	泵体	1	HT200			
11	GB/T 97.1—2002	垫圈6	6	65Mn			
10	GB/T 5782	螺栓M6×20	6	Q235			
9	CLYB-01	泵盖	1	HT200			
8	CLYB-04	从动齿轮轴	1	45			$m=3.5, z=12$
7	CLYB-05	垫片	1	工业用纸			
6	GB/T 119.1	销3m6×20	2	35			
5		填料	1	石棉			
4	GB/T 812—1988	圆螺母M36×1.5	1	45			
3	CLYB-08	填料压盖	1	Q235			
2	CLYB-06	压紧螺母	1	Q235			
1	CLYB-03	主动齿轮轴	1	45			$m=3.5, z=12$
序号	代号	名称	数量	材料	单件	总计	备注
					重量		

(d) 明细表

放大图（2）

第六章

齿轮油泵建模

第一节 零件建模

一、泵盖和泵体的建模方法

泵盖、泵体的立体图如图 6-1 所示。

(a) 泵盖立体图

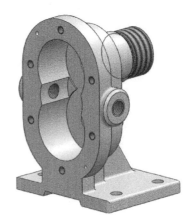

(b) 泵体立体图

图 6-1 泵盖、泵体立体图

在齿轮油泵中，泵盖和泵体是两个主要的零件，起着支承和包容其它零件的作用。

1. 泵盖的建模

泵盖的建模过程如图 6-2 所示。

主体

放样凸台

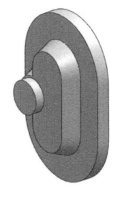

圆柱凸台

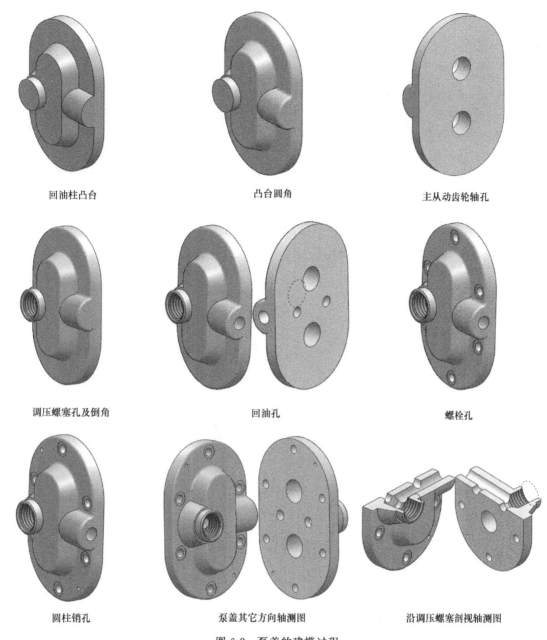

| 回油柱凸台 | 凸台圆角 | 主从动齿轮轴孔 |

| 调压螺塞孔及倒角 | 回油孔 | 螺栓孔 |

| 圆柱销孔 | 泵盖其它方向轴测图 | 沿调压螺塞剖视轴测图 |

图 6-2　泵盖的建模过程

泵盖的具体建模方法如下（图中尺寸仅供参考）。

(1) 主体（图 6-3）。

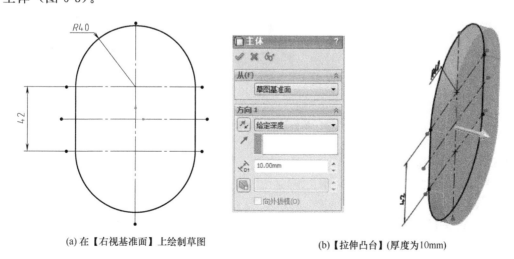

(a) 在【右视基准面】上绘制草图　　(b)【拉伸凸台】(厚度为10mm)

图 6-3　泵盖主体的建模

第六章　齿轮油泵建模 | 75

(2) 放样凸台（图 6-4）。

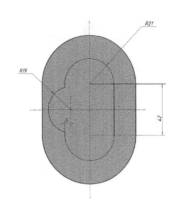
(a) 在【右视基准面】上绘制放样凸台草图1

(b) 建立基准面1(距离右视基准面13mm)

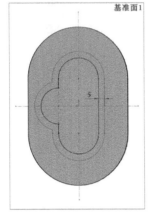
(c) 在【基准面1】上绘制放样凸台草图2(等距实体距离5mm)

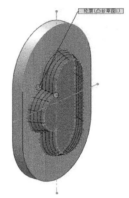
(d)【放样凸台】

图 6-4 放样凸台建模

(3) 圆柱凸台（图 6-5）。

(a) 圆柱凸台草图

(b)【拉伸凸台】(厚度为7mm)

图 6-5 圆柱凸台建模

(4) 回油柱凸台（图 6-6）。

(5) 凸台圆角（图 6-7）。

(6) 主从动齿轮轴孔（图 6-8）。

用【异型孔向导】添加轴孔。首先，选择添加异型孔的平面，在打开的异型孔向导属性管理器类型选项卡中，选择异型孔类型及尺寸，然后，切换位置选项卡，点击轴孔位置，按〈Esc〉键一次进入轴孔位置二维编辑状态，添加对称的几何关系，标注尺寸。

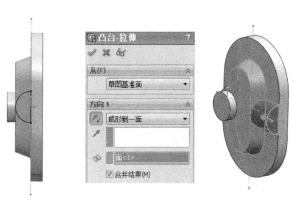

(a) 绘制草图　　　(b)【拉伸凸台】（成形到一面）

图 6-6　回油柱凸台的建模

图 6-7　凸台圆角的建模

(a)【异型孔向导】类型选项卡

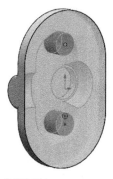
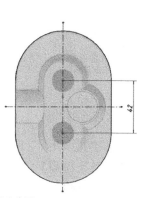

(b)【异型孔向导】位置选项卡　　　(c) 确定轴孔位置

图 6-8　主从动齿轮轴孔的建模

（7）限压装置调压螺塞孔及倒角（图 6-9）。

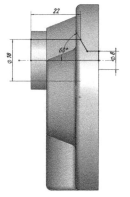

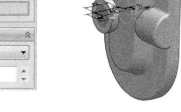

(a) 在【上视基准面】上绘制草图　　　(b)【旋转切除】

图 6-9

第六章　齿轮油泵建模

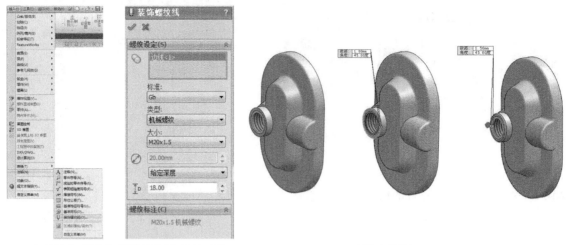

(c) 在【插入】-【注解】-【装饰螺纹线】中添加螺纹　　　　(d) 添加内外倒角($r=1.5mm$，$r=1mm$)

图 6-9　限压装置调压螺塞孔及倒角的建模

(8) 回油孔（图 6-10）。

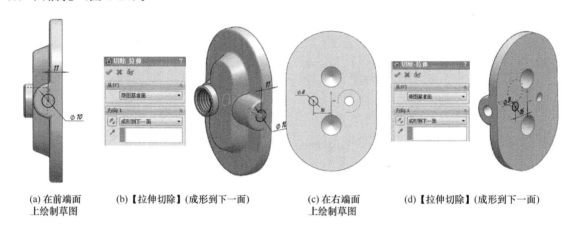

(a) 在前端面　　(b)【拉伸切除】(成形到下一面)　　(c) 在右端面　　(d)【拉伸切除】(成形到下一面)
上绘制草图　　　　　　　　　　　　　　　　　　上绘制草图

图 6-10　回油孔的建模

(9) 螺栓孔（图 6-11）。

用【异型孔向导】添加孔，还可以先画出螺栓孔位置草图，后点击【异型孔向导】，在打开的【异型孔向导】属性管理器类型选项卡中，选择孔的类型、孔规格、终止条件等内容，如果勾选"显示自定义大小"，还可以显示尺寸或编辑尺寸。切换到位置选项卡，选择放置孔的面，鼠标变成笔形，点击孔的位置添加螺栓孔。

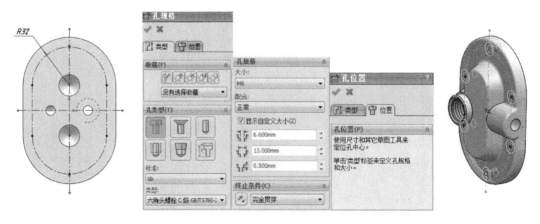

(a) 确定螺栓孔位置草图(6个)　　　　　　(b) 用【异型孔向导】添加螺栓孔(M6)

图 6-11　螺栓孔的建模

78　三维机械零部件测绘

(10) 圆柱销孔（图 6-12）。
(11) 建模结果（图 6-13）。

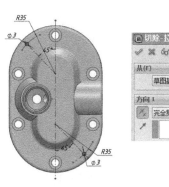

(a) 圆柱销孔位置草图(2个)　　　　(b)【拉伸切除】(完全贯透)

图 6-12　圆柱销孔的建模　　　　　　　　　　　　　　图 6-13　泵盖建模结果

2. 泵体的建模

泵体的建模过程如图 6-14 所示。

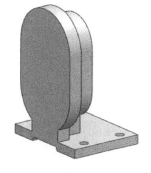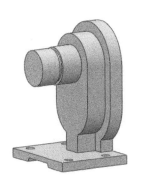

底座　　　　　　　　　　　　　　主体　　　　　　　　　　　主、从动齿轮轴支承部分

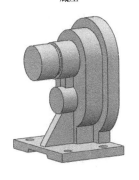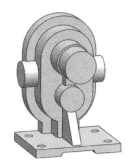

肋板　　　　　　　　　　　　进出油孔凸台　　　　　　　　　　　圆角

内腔　　　　　　　　　　　螺纹孔和圆柱销孔　　　　　　　　　主动齿轮轴孔

图 6-14

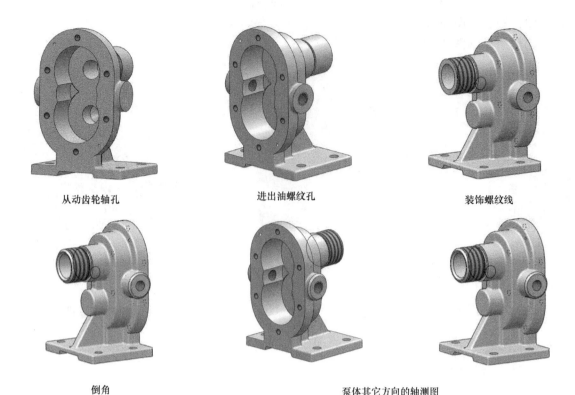

图 6-14 泵体的建模过程

泵体的具体建模方法如下（图中尺寸仅供参考）。

（1）底座（图 6-15）。

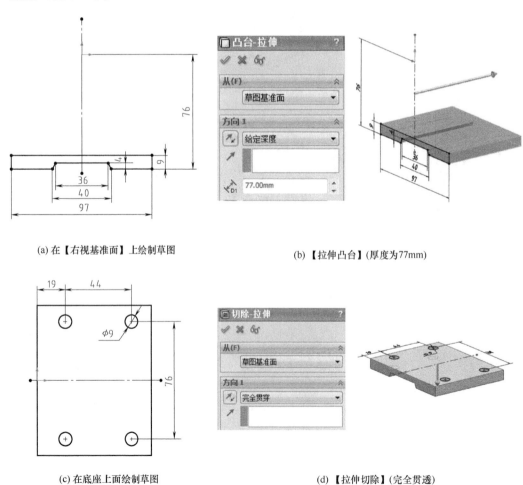

(a) 在【右视基准面】上绘制草图　　　(b)【拉伸凸台】(厚度为77mm)

(c) 在底座上面绘制草图　　　(d)【拉伸切除】(完全贯穿)

图 6-15 泵体底座的建模

(2) 主体（图 6-16）。

(a) 在【右视基准面】上绘制主体草图

(b)【拉伸凸台】主体1(选择外部草图轮廓，拉伸深度14mm)

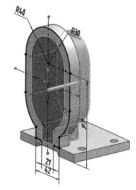

(c)【拉伸凸台】主体2(选择内部草图局部轮廓，拉伸深度35mm)

图 6-16　泵体主体的建模

(3) 主、从动齿轮轴支承部分（图 6-17）。

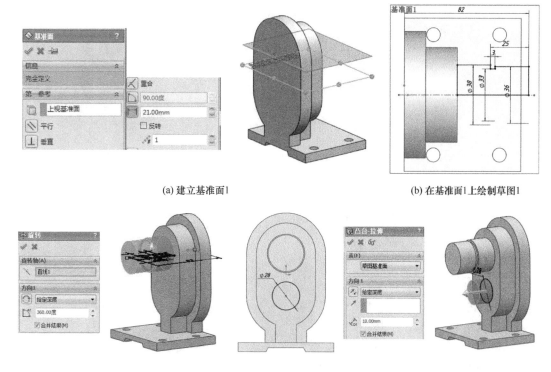

(a) 建立基准面1　　　　　　　　　(b) 在基准面1上绘制草图1

(c)【旋转凸台】主动齿轮轴支承部分　　(d)【拉伸凸台】从动齿轮轴支承部分

图 6-17　主、从动齿轮轴支承部分的建模

第六章　齿轮油泵建模

(4) 肋板（图 6-18）。

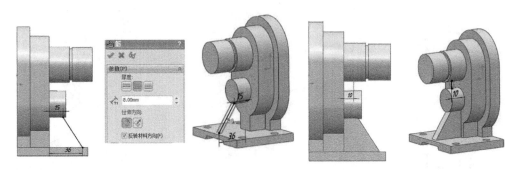

(a) 绘制肋板草图1　　(b)【筋】拉伸肋板1(对称，厚度8mm，平行于草图)　　(c)【筋】拉伸肋板2(对称，厚度8mm，平行于草图)

图 6-18　肋板的建模

(5) 进出油孔凸台（图 6-19）。

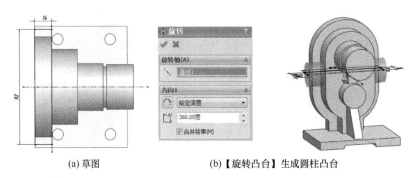

(a) 草图　　(b)【旋转凸台】生成圆柱凸台

图 6-19　进出油孔凸台的建模

(6) 圆角（图 6-20）。

 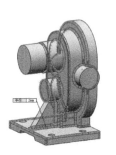

图 6-20　圆角的建模

(7) 内腔（图 6-21）。

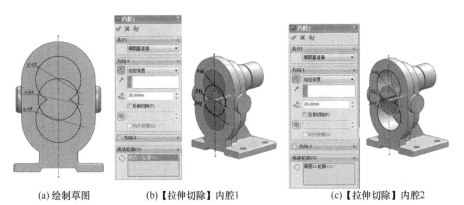

(a) 绘制草图　　(b)【拉伸切除】内腔1　　(c)【拉伸切除】内腔2

图 6-21　内腔的建模

(8) 螺纹孔及圆柱销孔（图 6-22）。

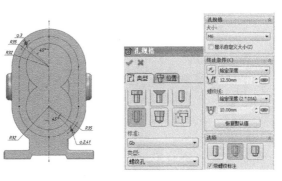

(a) 绘制草图　　　　　　(b)【异型孔向导】生成螺纹孔

(c)【拉伸切除】生成圆柱销孔

图 6-22　螺纹孔和圆柱销孔的建模

(9) 主动齿轮轴孔（图 6-23）。

(10) 从动齿轮轴孔（图 6-24）。

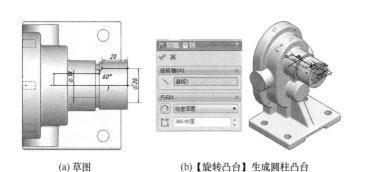

(a) 草图　　　(b)【旋转凸台】生成圆柱凸台

图 6-23　主动齿轮轴孔的建模　　　　　　图 6-24　从动齿轮轴孔的建模

(11) 进出油螺纹孔（图 6-25）。

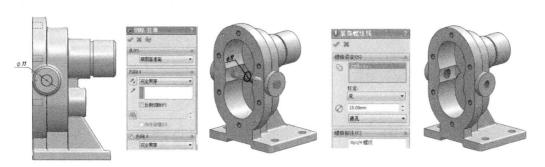

(a) 在【前视基准面】　　(b)【拉伸切除】(双向完全贯穿)　　(c) 在【装饰螺纹线】中添加螺纹
　　上绘制草图

图 6-25　进出油螺纹孔的建模

(12) 主动齿轮轴右端螺纹（图 6-26）。

(13) 倒角（图 6-27）。

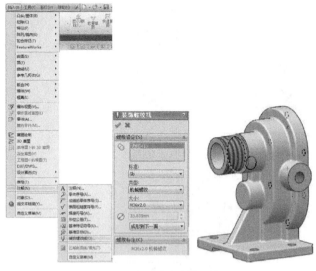

图 6-26　主动齿轮轴右端螺纹

图 6-27　倒角的建模

(14) 泵体建模结果（图 6-28）。

图 6-28　泵体建模结果

二、主动齿轮轴和从动齿轮轴的建模方法

1. 主动齿轮轴的建模

主动齿轮轴的建模过程如图 6-29 所示。

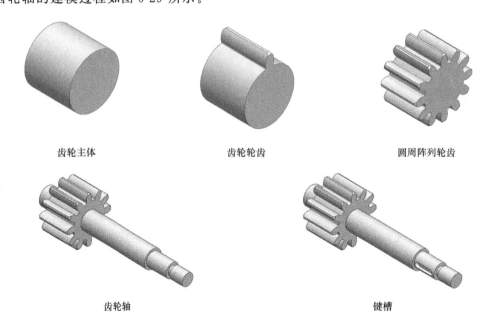

齿轮主体　　　　　　齿轮轮齿　　　　　　圆周阵列轮齿

齿轮轴　　　　　　　键槽

84　三维机械零部件测绘

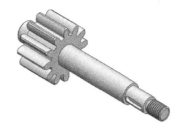

装饰螺纹线　　　　　　　　　　　　　　　　　倒角

图 6-29　主动齿轮轴的建模过程

主动齿轮轴的具体建模方法如下（图中尺寸仅供参考）。

(1) 主体（图 6-30）。

(a) 在【右视基准面】上绘制草图　　　(b)【拉伸凸台】(给定深度，尺寸30mm)

图 6-30　主动齿轮轴主体的建模

(2) 轮齿（图 6-31）。

齿轮轮齿的轮廓采用渐开线齿廓近似画法，轮齿各部分尺寸计算公式及画法，如图 6-31（a）所示。

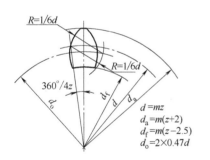
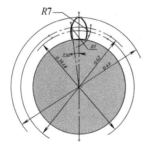

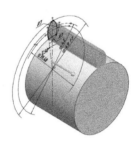

$d = mz$
$d_a = m(z+2)$
$d_f = m(z-2.5)$
$d_o = 2 \times 0.47d$

(a) 渐开线齿廓近似画法　　　(b) 在【右视基准面】上绘制轮齿草图　　　(c)【拉伸凸台】生成单个轮齿

(d) 轮齿倒角　　　　　　　　　　(e) 齿根圆角

图 6-31

第六章　齿轮油泵建模

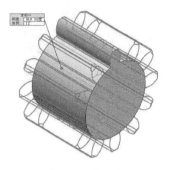

(f)【圆周阵列】生成其它轮齿(12个)

图 6-31　轮齿的建模

(3) 齿轮轴（图 6-32）。

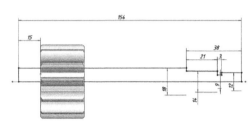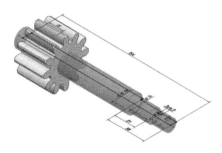

(a) 在【上视基准面】上绘制齿轮轴草图　　　　　　(b)【旋转凸台】生成各轴段

图 6-32　齿轮轴的建模

(4) 键槽（图 6-33）。

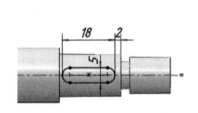

(a) 在【前视基准面】上绘制键槽草图　　　　　　(b)【拉伸切除】(成形到下一面)

图 6-33　键槽的建模

(5) 装饰螺纹线（图 6-34）。
(6) 倒角（图 6-35）。

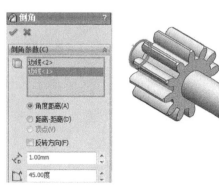

图 6-34　【插入】装饰螺纹线　　　　　　图 6-35　在轴两端添加倒角

(7) 主动齿轮轴建模结果（图 6-36）。

(8) 添加配置（图 6-37）。

在装配体剖视图中，齿轮轴剖按不剖处理，轮齿部分不表示，故为齿轮轴添加配置，在配置中将轮齿部分用实心圆柱表示。打开【配置】选项卡，右击【主动齿轮轴配置】，打开【添加配置】属性管理器，为主动齿轮轴添加配置。在【配置属性】中，添加【配置名称】及【说明】等内容。

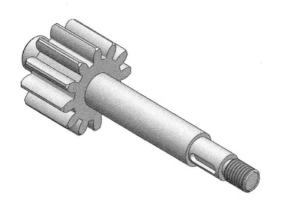

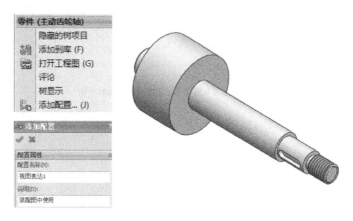

图 6-36 主动齿轮轴的建模结果

图 6-37 添加主动齿轮轴的配置

2. 从动齿轮轴的建模

从动齿轮轴的建模过程如图 6-38 所示。

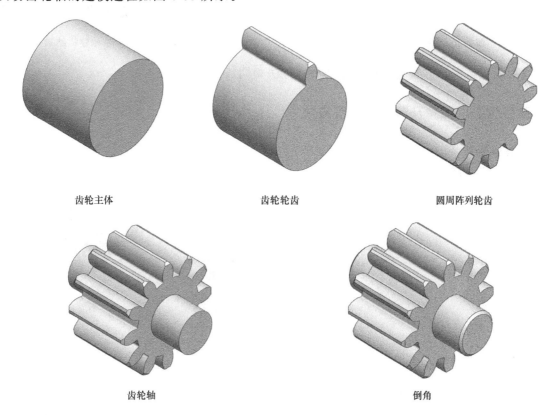

齿轮主体　　　　　　齿轮轮齿　　　　　　圆周阵列轮齿

齿轮轴　　　　　　　　　　倒角

图 6-38 从动齿轮轴的建模过程

从动齿轮轴的具体建模方法如下（图中尺寸仅供参考）。

(1) 主体、齿轮轮齿及圆周阵列轮齿的建模，从动齿轮轴与主动齿轮轴相同，参见图 6-30 和图 6-31。

(2) 齿轮轴（图 6-39）。

(3) 倒角（图 6-40）。

(4) 从动齿轮轴建模结果（图 6-41）。

第六章 齿轮油泵建模

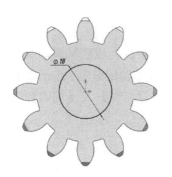

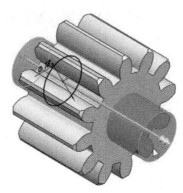

(a) 在【右视基准面】上绘制齿轮轴草图　　　　(b)【拉伸凸台】(双向拉伸)

图 6-39　齿轮轴的建模

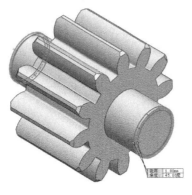
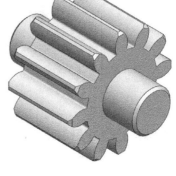

图 6-40　添加倒角　　　　　　　　　　图 6-41　从动齿轮轴建模结果

（5）添加配置，添加方法与主动齿轮轴添加方法相同。

三、调压螺塞、弹簧及钢球的建模方法

1. 调压螺塞的建模

调压螺塞的建模过程如图 6-42 所示。

六角头　　　　　右端回转体　　　　装饰螺纹线　　　　倒角

图 6-42　调压螺塞的建模过程

调压螺塞的具体建模方法如下（图中尺寸仅供参考）。

（1）六角头（图 6-43）。

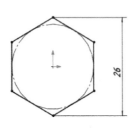

(a) 在【右视基准面】上绘制草图　　　　(b)【拉伸凸台】(厚度10mm)

图 6-43　六角头的建模

(2) 右端回转体（图 6-44）。

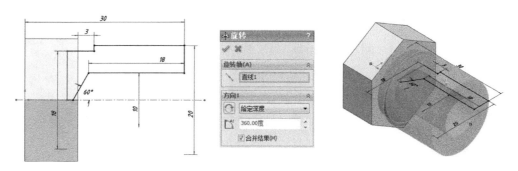

(a) 在【上视基准面】上绘制草图　　　(b)【旋转凸台】生成回转体

图 6-44　右端回转体的建模

(3) 装饰螺纹线（图 6-45）。
(4) 倒角（图 6-46 和图 6-47）。
(5) 建模结果（图 6-48）。

图 6-45　【插入】装饰螺纹　　　　　　　　　　图 6-46　倒角（C2）

图 6-47　倒角（C1）　　　　　　　　　　　图 6-48　调压螺塞建模结果

弹簧的建模过程，如图 6-49 所示。

主体　　　　　　　　　　　　　　　　切除端面

图 6-49　弹簧的建模过程

第六章　齿轮油泵建模 | 89

2. 弹簧的建模

弹簧的具体建模方法如下（图中尺寸仅供参考）。

（1）主体（图6-50）。

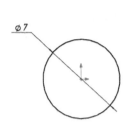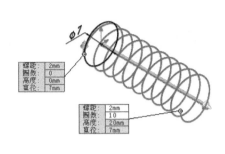

(a) 在【右视基准面】上绘制螺旋线基圆草图　　　(b)【螺旋线】(螺距2mm，圈数10)

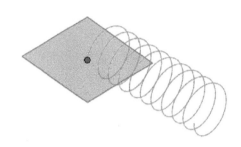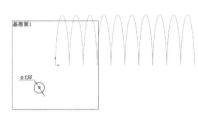

(c) 基准面1　　　(d) 在基准面1上绘制弹簧丝草图

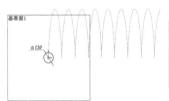

(e) 添加弹簧丝圆心与螺旋线穿透的几何关系　　　(f)【扫描】生成弹簧

图6-50　弹簧主体的建模

（2）切除端面（图6-51）。

（3）建模结果（图6-52）。

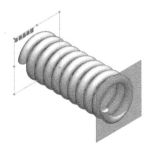

(a) 建立切除基准面　　　(b)【使用曲面】切除弹簧端面

图6-51　切除端面的建模　　　图6-52　弹簧建模结果

3. 钢球的建模

钢球的建模过程及方法如图 6-53 所示。

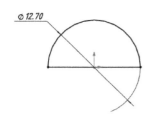  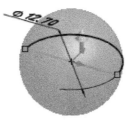 

(a) 在【上视基准面】上绘制草图　　　　(b) 【旋转凸台】生成球体　　　　(c) 建模结果

图 6-53　钢球的建模

四、压紧螺母和填料压盖的建模方法

1. 压紧螺母的建模

压紧螺母的建模过程，如图 6-54 所示。

 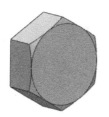   

六角头　　　　　　拔模　　　　　　内孔　　　　　装饰螺纹线　　　　　倒角

图 6-54　压紧螺母的建模过程

压紧螺母的具体建模方法如下（图中尺寸仅供参考）。

（1）六角头（图 6-55）。

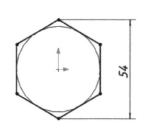 

(a) 在【右视基准面】上绘制草图　　　　　　(b) 【拉伸凸台】(厚度10mm)

图 6-55　六角头的建模

（2）拔模（图 6-56）。

(a) 在左端面上绘制拔模草图　　　　　　(b) 【拉伸切除】(拔模60°，反侧切除)

图 6-56　拔模的建模

(3) 内孔（图 6-57）。

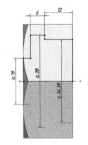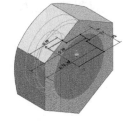

(a) 在【上视基准面】上绘制内孔草图　　　　　(b)【旋转切除】形成内孔

图 6-57　内孔的建模

(4) 装饰螺纹线（图 6-58）。

(5) 倒角（图 6-59）。

(6) 建模结果（图 6-60）。

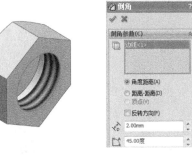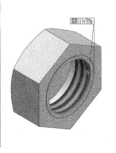

图 6-58　【插入】装饰螺纹　　　　图 6-59　倒角（C2）　　　　图 6-60　压紧螺母建模结果

2. 填料压盖的建模

填料压盖的建模过程如图 6-61 所示。

主体　　　　　　　　　　　　　　　　　倒角

图 6-61　填料压盖的建模过程

填料压盖的具体建模方法如下（图中尺寸仅供参考）。

(1) 主体（图 6-62）。

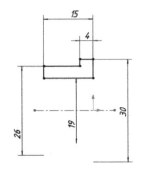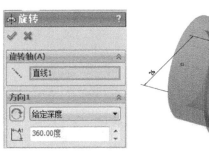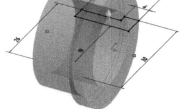

(a) 在【上视基准面】上绘制草图　　　　　(b)【旋转凸台】形成回转体

图 6-62　填料压盖主体的建模

(2) 倒角（图 6-63）。
(3) 建模结果（图 6-64）。

(a) 倒角(C1)　　　　　　　　(b) 倒角(C1.5)

图 6-63　倒角的建模

图 6-64　填料压盖建模结果

五、垫片、填料及堵头的建模方法

垫片是等厚度的板，所以在初始基准面上绘制垫片草图，用【拉伸凸台】命令，一次拉伸即可，建模过程省略。

填料和堵头可以在初始面上绘制圆形草图或矩形草图，用【拉伸凸台】或【旋转凸台】命令形成主体，再倒角即可，建模过程省略。

六、标准件的建模方法

齿轮油泵中，螺栓、圆柱销、圆螺母和弹簧垫圈为标准件。对于标准件可以从设计库中生成零

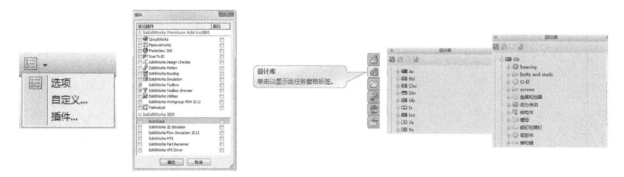

(a) 添加设计库　　　　　　　　　　　　　　(b) 打开设计库

(c) 打开圆螺母　　　　　　　　　(d) 编辑圆螺母尺寸和显示方式

图 6-65　设计库生成圆螺母的建模

第六章　齿轮油泵建模

件，具体方法如下。

在【选项】下选择插件，打开插件对话框，在SolidWorks Toolbox和SolidWorks Toolbox Browser前多选框中勾选，单击任务窗格中设计库图标，打开设计库，单击Gb前加号（+），打开国标库中标准件，如单击螺母前加号（+），打开圆螺母库，按国标选择需要的零件，右击选定的零件，在打开的对话框中，单击生成零件，在打开的属性管理器中编辑尺寸和其它选项，生成零件，如图6-65所示。

第二节 零件工程图

以主动齿轮轴为例，介绍零件工程图的创建方法。

由主动齿轮轴生成工程图，如图6-66所示。

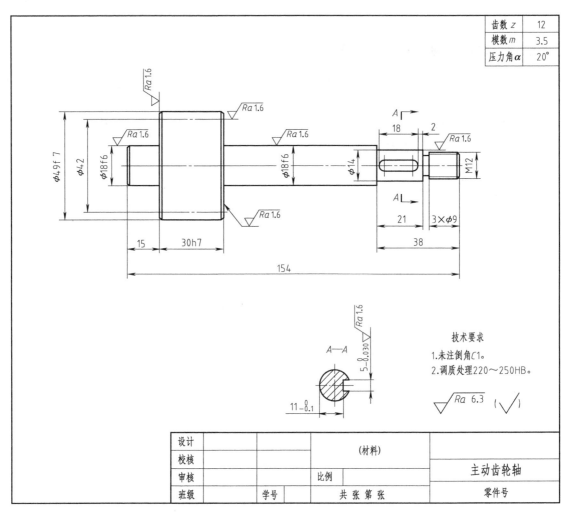

图6-66 主动齿轮轴工程图

主动齿轮轴工程图的创建过程如下。

1. 新建工程图模板

新手创建工程图时，首先创建工程图模板，然后在模板上生成工程图。如果已创建工程图模板，可以从步骤（2）开始创建工程图。

（1）自定义图纸格式（图6-67） 单击【标准】工具栏中的【新建】按钮，打开【新建SolidWorks文件】对话框，选择【工程图】→【确定】，如图6-67（a）所示。在弹出的【图纸格式/大小】对话框中，选择【自定义图纸大小】选项，在【宽度】及【高度】文本框中设置图纸幅面大小，如A4图纸竖放，宽210mm，高297mm，如图6-67（b）所示，单击【确定】按钮，进入到工程图界

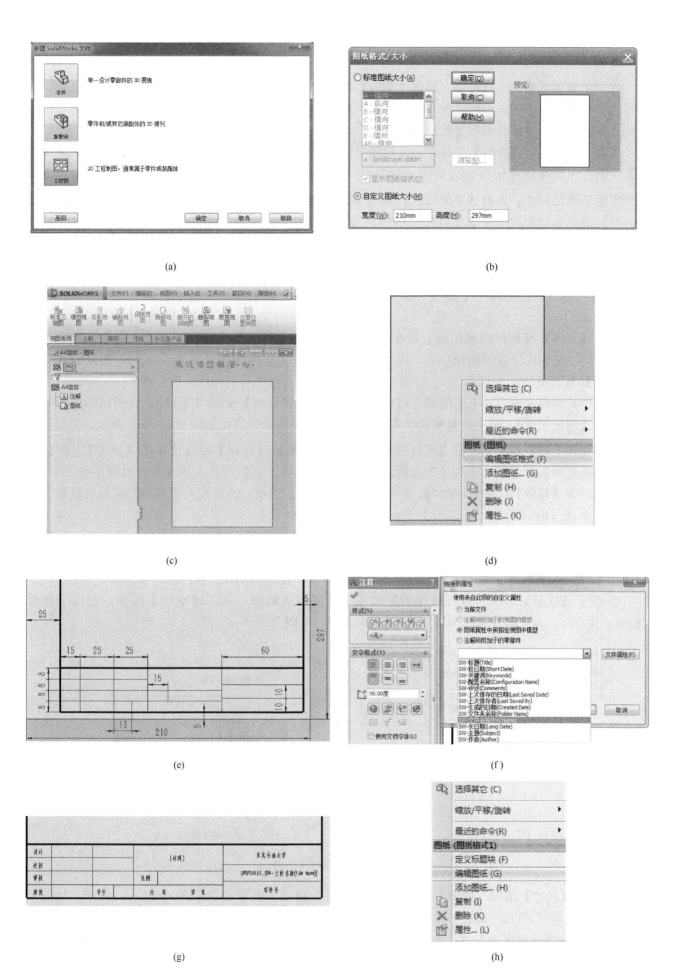

图 6-67 工程图图纸格式

面，如图 6-67（c）所示，右击图纸，在弹出的快捷中，选择【编辑图纸格式】进入图纸格式状态，如图 6-67（d）所示。

在"编辑图纸格式"状态下，单击【草图】工具栏中的【矩形】□命令和【直线】＼命令，画出图幅、图框及标题栏，标注尺寸，并添加左下角点为原点位置。注：此标题栏为制图作业推荐的标题栏，需要时可按国家标准标题栏绘制。

添加【图层】和【线型】工具栏。工程图中的草图线段的线宽默认为细线，点击图框线，从【线型】工具栏中选择线宽 0.5mm，如图 6-67（e）所示。单击【视图】→【隐藏/显示注解】命令，依次选择需要隐藏的尺寸，单击【重建模型】❽按钮，重新建模。单击【注解】工具栏中【注释】A命令，在标题栏内添加文字，也可以建立链接到属性的注释，如建立"零件名称"的链接到属性的注释。单击【注解】工具栏中【注释】A按钮，在弹出的【注释】属性管理器中，单击【属性链接】按钮，弹出【链接到属性】对话框，单选【图纸属性中所指定的图中模型】，在下拉列表框中选择【SW-文件名称（File Name）】选项，如图 6-67（f）所示，然后单击【确定】按钮，如图 6-67（g）所示。

单击【文件】→【保存图纸格式】命令，弹出【保存图纸格式】对话框，输入文件名，单击【保存】按钮，生成新的工程图图纸格式，以备调用。图纸格式文件的扩展名为 .slddrt，图纸格式保存的默认位置是安装目录\data。

图纸格式编辑完成后，右击图纸空白处或右击【特征设计树】中的【图纸】，在弹出的快捷菜单中，选择【编辑图纸】，退出编辑图纸格式状态，进入编辑图纸状态，如图 6-67（h）所示。

（2）创建工程图模板　设置【系统选项】。单击【工具】→【选项】命令或单击【选项】按钮，弹出【系统选项】对话框，选择【工程图】选项下的【显示类型】选项，在【在新视图中显示切边】选项中设置为【移除】，如图 6-68（a）所示。选择【颜色】选项，将工程图背景和图纸颜色设置为白色，如图 6-68（b）所示。

设置【文件属性】。单击【系统选项】对话框中的【文档属性】选项卡，设置以下选项，默认其它选项。

① 设置【绘图标准】选项　选择【绘图标准】选项，设置为 GB。

② 设置【注解】选项　选择【注解】选项，在文本区域内，单击【字体】按钮，设置字体为"仿宋 GB-2312"或"汉仪长仿宋体"，字体样式选择"常规"。

(a) 设置【显示类型】选项

(b) 设置【颜色】选项

图 6-68　【系统选项】设置

③ 设置【尺寸】选项（如图 6-69）　选择【尺寸】选项，各项设置如图 6-69（a）所示。注：尺寸文本字体选择【SWIsop1】，字高 3.5 或 5，字体样式"倾斜"。

【尺寸】中其它选项的设置。【角度】设置，如图 6-69（b）所示。【直径】设置，如图 6-69（c）所示。【半径】和【孔标注】设置与【直径】设置相同。【线性】选项的设置，如图 6-69（d）所示。

④ 设置【表格】选项　选择【表格】选项，设置字体为"仿宋 GB-2312"或"汉仪长仿宋体"。

⑤ 设置【视图标号】选项（如图 6-70）　选择【视图标号】选项，设置字体为【SWIsop1】，字

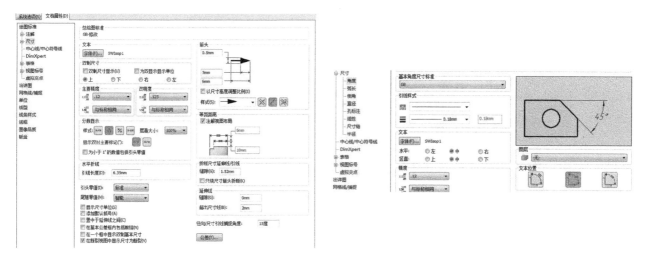

(a) 设置【尺寸】选项　　　　　　　　　　　　(b) 设置【角度】选项

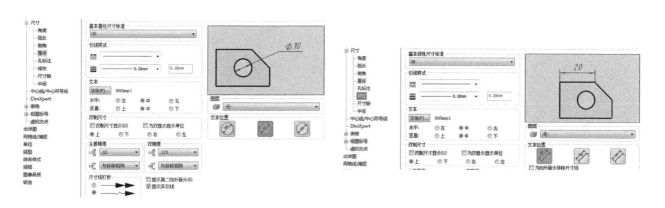

(c) 设置【直径】选项　　　　　　　　　　　　(d) 设置【线性】选项

图 6-69 【尺寸】选项设置

样式选择"粗体倾斜"。

　　【视图标号】中其它设置。【辅助视图】（斜视图）选项的设置，如图 6-70（a）所示。【局部视图】（局部放大图）选项的设置，如图 6-70（b）所示。【剖面视图】（剖视图、断面图）选项的设置，如图 6-70（c）所示。

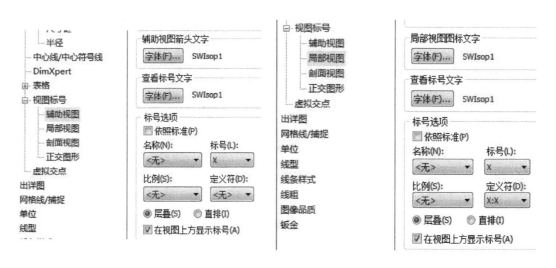

(a) 设置【辅助视图】选项　　　　　　　　　　(b) 设置【局部视图】选项

图 6-70

第六章　齿轮油泵建模 | 97

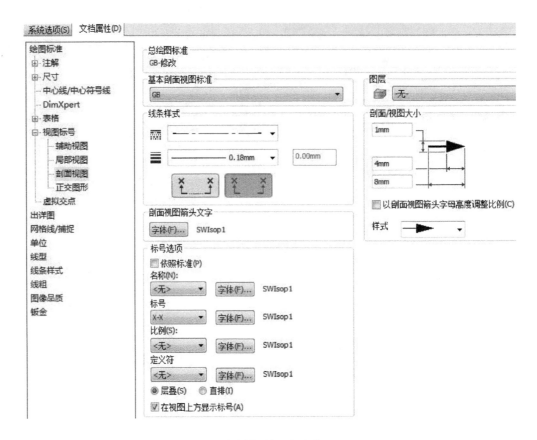

(c) 设置【剖面视图】选项

图 6-70 【视图标号】选项设置

⑥ 设置【出详图】选项 如图 6-71 所示。

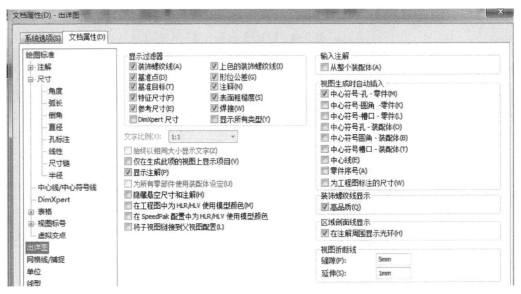

图 6-71 【出详图】设置

⑦ 设置【线型】选项 【可见边线】选项的设置，如图 6-72 所示，【工程图，模型边线】选项设置与可见边线设置相同。

各选项设置完成后，单击【确定】按钮，工程图模板设置完成。模板的制定是一个不断修改并完善的过程。

单击【文件】→【另存为】，在【保存类型】栏中选择【工程图模板】（*.drwdot），如图 6-73 所示，在【文件名】栏中输入要保存的文件名，单击【保存】即可。

同样的方法生成其它图幅幅面的图纸模板。

图 6-72 【可见边线】选项设置

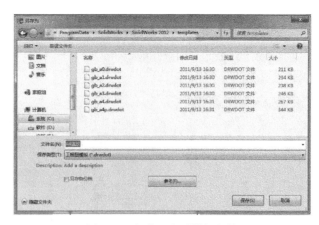

图 6-73 保存工程图模板文件

工程图模板如果保存在默认模板文件夹 templates 内，在新建 SolidWorks 文件时，选择【高级】→【模板】选项卡，选择已保存的模板，如图 6-74 所示。工程图模板也可以保存在其它文件夹内，在【系统选项】中，单击【文件位置】→【添加】，打开【浏览文件夹】，找到放置工程图模板的文件夹，如【我的模板】文件夹，单击【确定】，【我的模板】文件夹添加到文件模板当中，如图 6-75（a）所示，再单击【确定】，在【新建 SolidWorks 文件】对话框【高级】中，显示【我的模板】选项卡，如图 6-75（b）所示。

图 6-74 新建 SolidWorks 文件模板

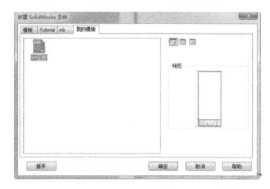

(a) 添加文件位置　　　　　　　　　　　(b)【我的模板】选项卡

图 6-75 在【系统选项】中添加模板文件夹

2. 新建工程图文件

【新建】→【工程图】→【我的模板】选择"A4 横放"模板，进入工程图绘图环境，也可以在打开的零件文件中，单击菜单【文件】→【从零件（或从装配体）制作工程图】命令，进入工程图绘图环境。单击【视图布局】工具栏上的【模型视图】 按钮，打开【模型视图】属性管理器，单击【浏览】选择生成工程图零件，如图 6-76 所示。下面介绍主动齿轮轴工程图创建过程。

（1）生成主视图。

选定零件后，在新打开的【模型视图】属性管理器中，勾选【预览】，在视图显示窗口可以预览默认投影方向的视图，单击【标准视图】处图标，可以改变视图投影方向，选择一个合适的投影视图图标，选择合适的显示比例，单击鼠标放置视图，如图 6-77 所示。

（2）隐藏多余图线、添加图线、隐藏原点，如图 6-78 所示。

右击视图中图线，在弹出的快捷菜单中，单击【隐藏/显示边线】图标 ，可以隐藏多余图线。按 shift 键可以多选图线。用【草图】工具栏中的【直线】 工具，绘制需要补充的图线。用【注解】工具栏中的【中心线】 添加轴线，单击任意轴段对称的两条线，在其中间位置显示轴线，点

第六章　齿轮油泵建模 | 99

图 6-76 【浏览】选择
生成工程图零件

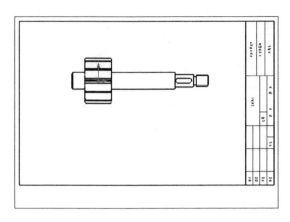

图 6-77 【模型视图】生成零件视图

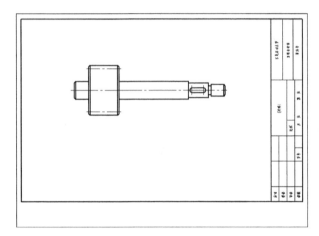

图 6-78 隐藏多余图线、添加图线、隐藏原点

击端点并拖动可以调整其长度。单击显示窗口上方【视图（前导）工具栏】中【显示/隐藏项目】图标 →【观阅原点】图标，关闭视图上显示的坐标原点。

（3）生成移出断面图，如图 6-79 所示。

单击【视图布局】工具栏中的【剖面视图】按钮，此时鼠标变成笔形，在键槽剖切位置绘制直线，如图 6-79（a）所示。在弹出的【剖面视图】属性管理器的【剖面视图】选项中，勾选【只显示切面】复选框，在【剖切线】选项中，调整剖切投影方向及编辑视图标号，如图 6-79（b）所示。此时断面图只能随鼠标水平移动，同时按住 Ctrl 键可以将断面图放到其它位置，如图 6-79（c）所示。当断面图放置在剖切面的延长线时，可以省略标注的字母，单击断面图上方标注字母 A—A，在弹出的【注解】属性管理器的【文字格式】中，勾选【手工视图标号】复选框，按 Delete 键删除 A—A 标注，单击视图剖切标注，在弹出的【剖面视图】的【剖切线】中，删除视图标号 A，视图上的标注字母被删除，如图 6-79（d）所示。断面图放置其它位置需要标注，单击【草图】工具栏的【直线】命令，在剖切线上绘制直线，在【线型】工具栏内选择 0.5mm 线宽，加粗剖切线，单击【注解】工具栏的【中心符号线】，在断面图上添加对称中心线，或用【直线】命令绘制，如图 6-79（e）所示。

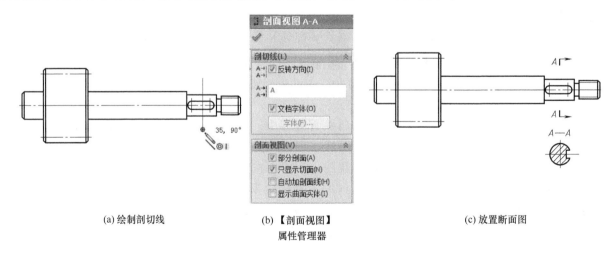

(a) 绘制剖切线　　　(b)【剖面视图】　　　(c) 放置断面图
　　　　　　　　　　属性管理器

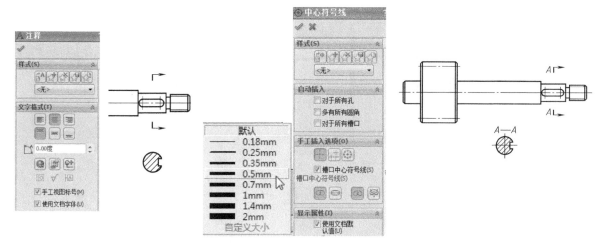

(d) 编辑视图标号　　　　　　　　　　(e) 加粗剖切线、添加中心线

图 6-79　生成移出断面图

（4）添加及编辑尺寸，如图 6-80 所示。

单击【注解】工具栏的【模型项目】，在打开的【模型项目】属性管理器的【来源/目标】处，选

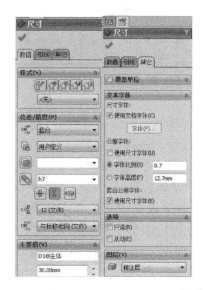
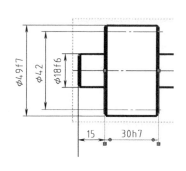

(a)添加【模型尺寸】　　　　　　　　　　(b) 公差带代号尺寸的标注

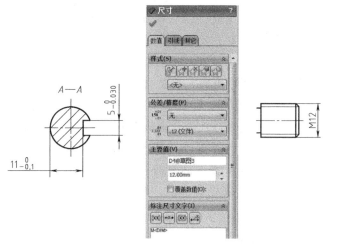

(c) 极限偏差尺寸的标注　　　　　　　　　(d) 线性尺寸前添加符号

图 6-80

第六章　齿轮油泵建模

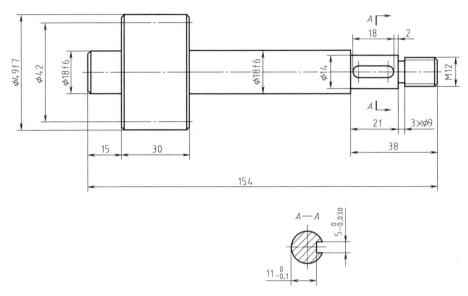

(e) 编辑后的各项尺寸

图 6-80 添加及编辑尺寸

择"整个模型",并勾选"将项目输入到所有视图",在【尺寸】处,选择"为工程图标注",单击【确定】,在视图上自动生成尺寸,如图 6-80(a)所示。

调整尺寸位置,删除不合适的尺寸,利用【智能尺寸】标注图中缺少的尺寸,利用【尺寸】属性管理器编辑尺寸。

编辑尺寸数值。选中尺寸,【尺寸】属性管理器打开,在【数值】选项卡的【公差/精度】处,选择"套合",选择公差代号,编辑公差代号的尺寸,在【其它】选项卡【文字字体】的【套合公差字体】处,勾选【使用尺寸字体】,如图 6-80(b)所示。选择"双边",输入上下偏差,调整精度,编辑极限偏差的尺寸,在【其它】选项卡【文字字体】的【公差字体】处,单选【字体比例】或【字体高度】,输入字体比例数值或字体高度,公差字体高度比尺寸字体高度小一号,如图 6-80(c)所示。在【标注尺寸文字】处,可以对测量尺寸前后添加文字或符号,如 M12 的尺寸,在"DIM"前加 M 即可,如图 6-80(d)所示。编辑后的各项尺寸如图 6-80(e)所示。

(5) 添加表面结构(粗糙度)代号,如图 6-81 所示。

单击【注解】工具栏的【表面粗糙度符号】,在打开的【表面粗糙度】属性管理器的【符号】处,选择【要求切削加工表面】图标✓,在【符号布局】粗糙度符号下左边第一格内,输入粗糙度字母 Ra、空格、数值,如 Ra 1.6,在【格式】处,勾选【使用文档字体】,【角度】取默认 0 度,在【引线】处,选择【无引线】方式,在图形区域会显示其预览。对于水平线上方和垂直线左侧面的粗糙度,单击投影线放置符号,符号方向随添加面的方向自动改变,而且符合国标要求,如图 6-81(a)所示。当添加其它方向面的粗糙度时,需要引线标注。在【引线】处,选择【引线】→【折弯引线】,在【箭头样式】处,选择【实心箭头】,可添加带指引线的粗糙度代号,如图 6-81(b)所示。不关闭【表面粗糙度】属性管理器,可以连续添加多个表面粗糙度符号。单击添加的粗糙度符号,可以对粗糙度进行编辑。

(6) 添加技术要求,如图 6-82 所示。

单击【注解】工具栏的【注释】,在打开的【注释】属性管理器的【引线】处,选择【无引线】,在合适的位置放置文字框,输入技术要求,在弹出的【格式化】对话框中,单击【适合文本】图标,左右拉动文字框,改变字体的宽高比。

(7) 添加齿轮参数表,如图 6-83 所示。

在特征树上,单击【图纸格式】前的(+),在展开的【图纸格式】中,右击【总表定位点】,在弹出的快捷菜单中,单击【设定定位点】,单击图框与标题栏相交点,确定表格的定位点,如图 6-83(a)所示。

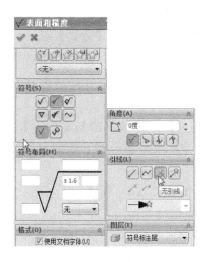
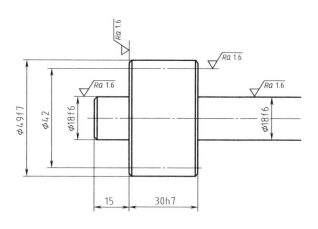

(a) 不带引线的粗糙度代号

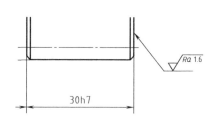

(b) 带引线的粗糙度代号

图 6-81 添加表面结构（粗糙度）代号

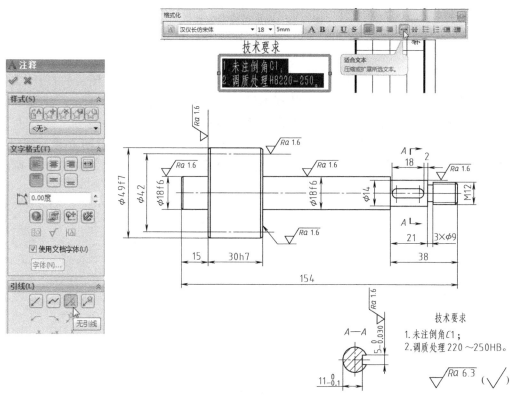

图 6-82 添加技术要求

第六章 齿轮油泵建模 | 103

单击【注解】工具栏的【表格】→【总表】，在打开的【表格】属性管理器的【表格位置】处，勾选【附加到定位点】，在【表格大小】处，设置行数及列数（3行2列），在【边界】处，设置表格线条宽度，单击【确定】，表格定位到定位点处，默认的表格左上角点与定位点重合，如果要改变表格位置，可以单击表格，在表格上方出现编辑框，单击左上角的✜图标，在打开的【表格】属性管理器的【表格位置】处，选择恒定边角，如图6-83（b）所示。

如果在添加表格时，不勾选【表格】属性管理器【表格位置】处的【附加到定位点】，单击【确定】后，表格随鼠标移动，当表格的边线或角点与图纸的边线或相交点重合时，表格自动与边线或相交点重合，单击鼠标放置表格即可，如图6-83（c）所示。

双击表格，输入各项参数，完成齿轮参数表格的添加，如图6-83（d）所示。

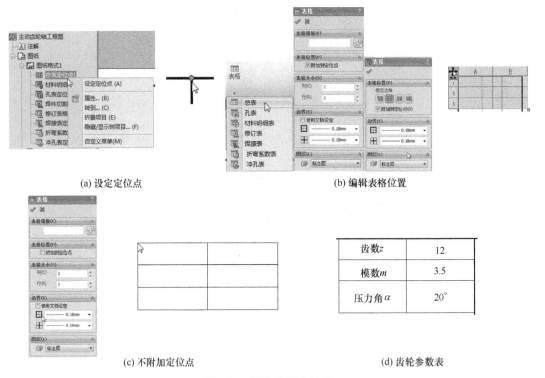

图 6-83 添加齿轮参数表

3. 图层

在【图层】工具栏中，有许多已建立的图层，也可以新建图层，可以对图层的打开/关闭、颜色、样式及厚度进行编辑。把图形中的不同要素放到不同的图层中，方便编辑。

方法一：生成要素时，在打开的属性管理器的【图层】处，选择放置的图层。

方法二：打开【图层】工具栏对话框，选择图层，单击要放到该图层上的要素，同时按住 Shift 键，可以多选，单击对话框中的【移动】按钮，选定要素放到了当前图层上，如图6-84所示。

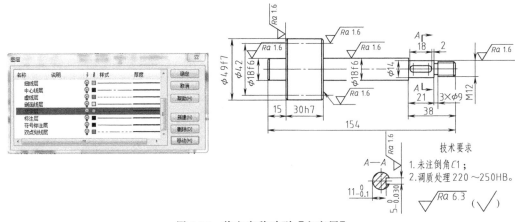

图 6-84 将文字移动到【文字层】

第三节　装配体建模

齿轮油泵装配过程如下。

1. 新建装配体文件

2. 插入零件

插入泵体，单击特征树的原点，使其原点固定在装配体原点处。再单击【装配体】工具栏的【插入零部件】插入其它零件，单击【插入零部件】属性管理器中的保持可见图标，使其保持打开状态，单击【浏览】分别插入泵盖、垫片、主动齿轮轴和从动齿轮轴等零部件。

从【设计库】插入标准件，如插入圆柱销，打开【设计库】，选择【GB】→【圆柱销】，按国标号选择圆柱销类型，右击选定的型号，在弹出的快捷菜单中，单击【插入到装配体】，圆柱销插入到装配体内，在弹出【配置零部件】属性管理器中，设置圆柱销尺寸，如图 6-85 所示。

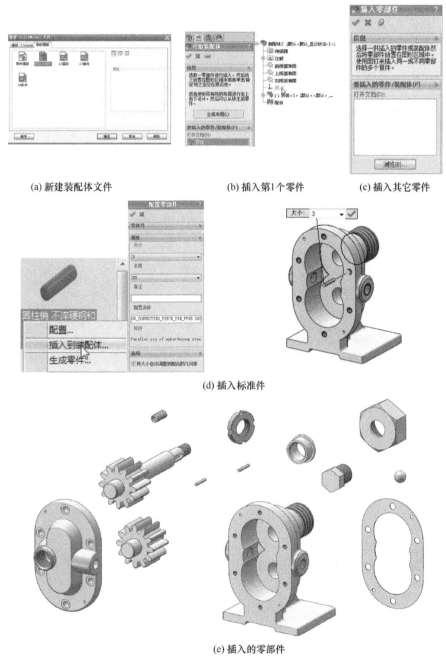

(a) 新建装配体文件　　(b) 插入第1个零件　　(c) 插入其它零件

(d) 插入标准件

(e) 插入的零部件

图 6-85　新建装配体文件及插入的零部件

3. 装配主动齿轮轴

单击【装配体】工具栏的【配合】，打开【配合】属性管理器，当【配合选择】处于激活状态时，选择要配合的要素，按住左键移动零件，按住右键旋转零件，按住中键图纸旋转，主动齿轮轴与泵体主动齿轮轴孔同心，单击轴的外表面和孔的内表面，选择同心 ◎ 配合，单击快捷菜单中的【反转配合对齐】 图标，调整配合件的方向，单击 ✓ 图标，确定配合，如图 6-86（a）所示，主动齿轮轴的右端面与泵体内右端面重合，选择这两个端面进行重合 ✕ 配合，如图 6-86（b）所示。

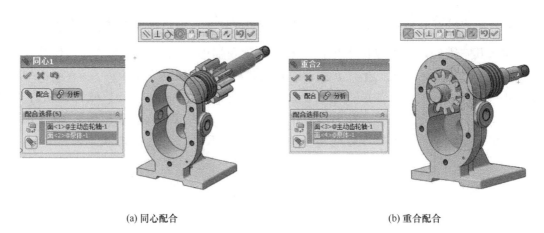

(a) 同心配合　　　　　　　　　　　　　　(b) 重合配合

图 6-86　装配主动齿轮轴

4. 装配从动齿轮轴

同装配主动齿轮轴的方法相同，如图 6-87 所示。

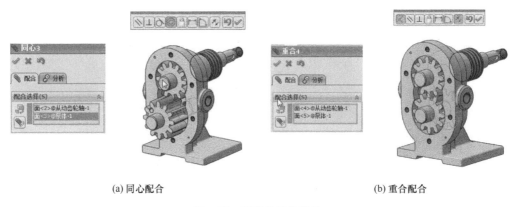

(a) 同心配合　　　　　　　　　　　　　　(b) 重合配合

图 6-87　装配从动齿轮轴

5. 装配圆柱销

圆柱销与销孔同心，轴线方向取泵盖泵体装配的中间位置，如图 6-88 所示。

6. 装配垫片

分别添加两个圆柱销与泵体圆柱销孔同心的配合，添加泵体端面与垫片端面重合的配合，如图 6-89 所示。

7. 装配泵盖

分别添加两个圆柱销与泵盖圆柱销孔同心的配合，添加泵盖端面与垫片端面重合的配合，如图 6-90 所示。

8. 装配填料压盖

添加填料压盖圆柱孔与主动齿轮轴柱面同心的配合，添加泵体右端面与填料压盖凸缘左端面重合的配合，如图 6-91 所示。

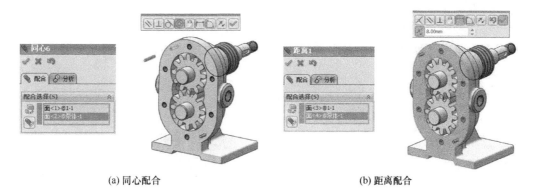

(a) 同心配合　　　　　　　　　　　　　(b) 距离配合

图 6-88　装配圆柱销

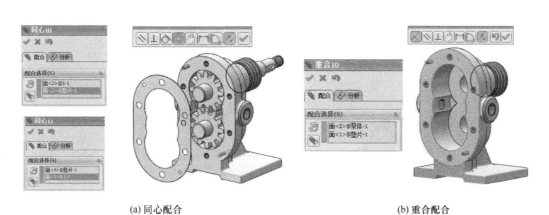

(a) 同心配合　　　　　　　　　　　　　(b) 重合配合

图 6-89　装配垫片

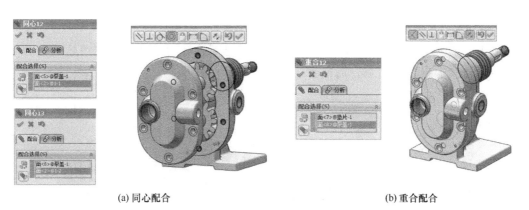

(a) 同心配合　　　　　　　　　　　　　(b) 重合配合

图 6-90　装配泵盖

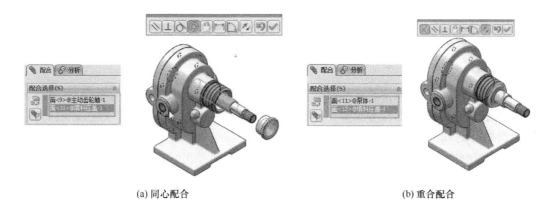

(a) 同心配合　　　　　　　　　　　　　(b) 重合配合

图 6-91　装配填料压盖

第六章　齿轮油泵建模

9. 装配压紧螺母

添加压紧螺母螺纹孔与泵体外螺纹圆柱同心的配合，添加压紧螺母内右端面与泵体圆柱外螺纹右端面重合的配合，单击【反转配合对齐】图标，调整压紧螺母方向，在弹出的提示对话框中，单击【确定】，如图 6-92 所示。

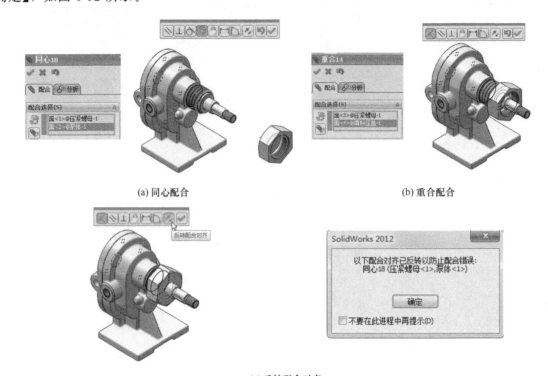

图 6-92 装配压紧螺母

10. 装配 M36×1.5 圆螺母

在装配体中，插入 M36×1.5 的圆螺母，添加圆螺母螺纹孔与泵体外螺纹圆柱同心的配合，添加圆螺母右端面与压紧螺母左端面重合的配合，如图 6-93 所示。

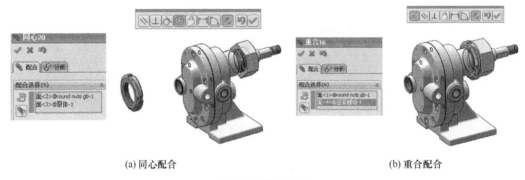

图 6-93 装配泵盖

11. 装配限压装置

分别添加钢球、弹簧、圆螺母及调压螺塞之间的配合及与泵盖的配合，如图 6-94 所示。

钢球与泵盖柱孔接触处的直径为孔 $\Phi 8$，确定该直径圆的位置，建立基准面，绘制圆，添加与泵盖 $\Phi 8$ 圆柱边线重合的几何关系，确定球的轴向位置。

弹簧与球的接触位置近似按弹簧中径确定。在球与弹簧中径尺寸相同位置处建立基准面，添加基准面与弹簧端面重合的几何关系，确定弹簧的轴向位置。

12. 装配螺栓和垫圈

单击【装配体】工具栏的【智能扣件】，打开【智能扣件】属性管理器，选择要添加螺栓的螺栓

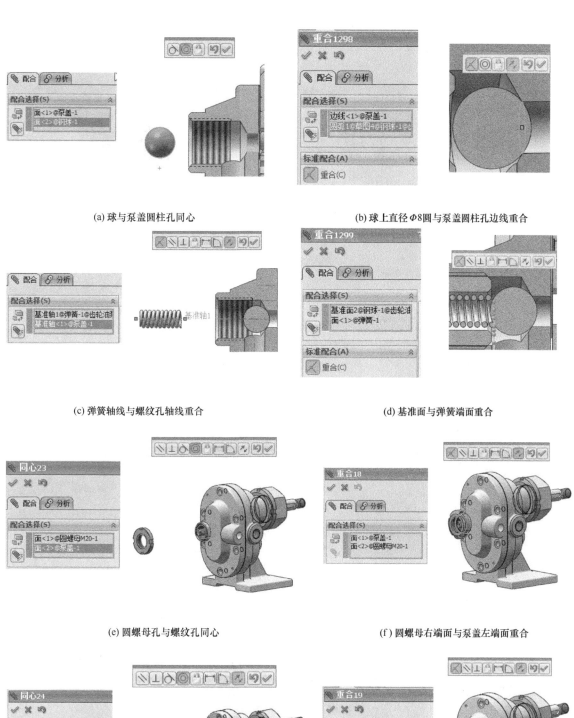

图 6-94 装配限压装置配合

孔，单击属性管理器的【添加】，自动添加 6 个螺栓。在属性管理器的【顶部层叠】的【添加到顶层叠】处，按国标添加弹簧垫圈，编辑尺寸，如图 6-95 所示。

13. 装配堵头

添加堵头及与泵盖的配合，如图 6-96 所示。

第六章 齿轮油泵建模 | 109

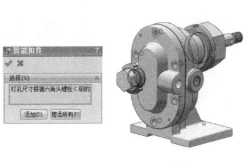

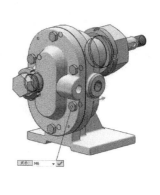

(a) 选择要添加螺栓的螺栓孔　　　　　　(b) 自动添加螺栓

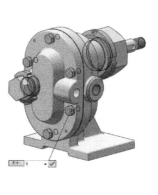

(c) 添加弹簧垫圈　　　　　　(d) 编辑尺寸

图 6-95　装配螺栓和垫圈

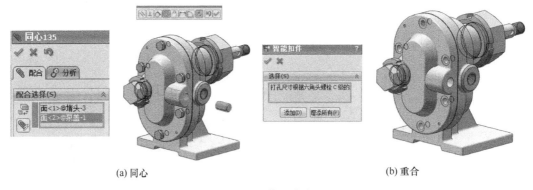

(a) 同心　　　　　　(b) 重合

图 6-96　装配堵头

14. 装配体中新建零件

填料是根据装配空间，在装配体中建模。单击显示窗口上方【视图（前导）工具栏】中【剖面视图】图标，弹出【剖面视图】属性管理器，选择【前视基准面】剖切齿轮油泵，如图 6-97（a）所示。单击【装配体】工具栏的【插入零部件】→【新零件】，选择绘制草图的基准面【前视基准面】，如果装配体透明显示，可以改变装配体透明度，单击【装配体】工具栏的【装配体透明度】→【不透明】，单击【重生成】图标，在如图 6-97（b）所示。在【前视基准面】绘制填料草图，标注必要尺寸，

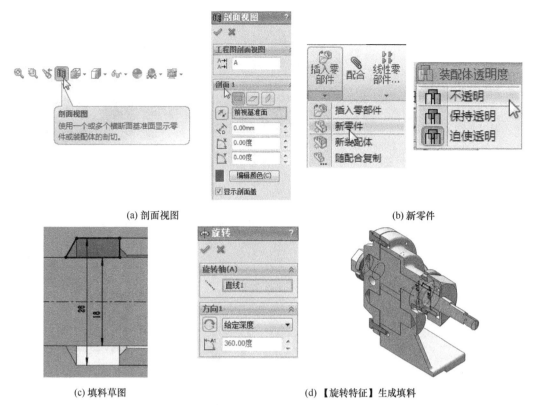

(a) 剖面视图　　　　　　　　　　　　　　(b) 新零件

(c) 填料草图　　　　　　　　　(d)【旋转特征】生成填料

图 6-97　装配体中新建零件

如图 6-97（c）所示。【旋转】特征生成填料，如图 6-97（d）所示。单击显示窗口右上角的图标，完成建模。

齿轮油泵装配完毕，隐藏螺纹连接部分的装饰螺纹线，如图 6-98 所示。

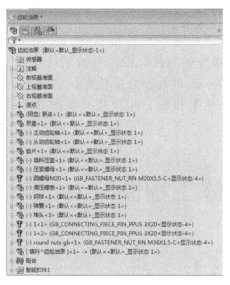

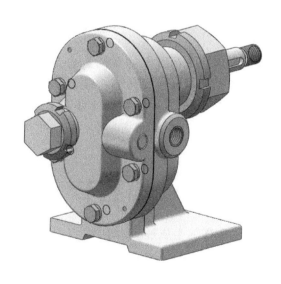

(a) 装配体特征树　　　　　　　　　　　　(b) 装配实体

图 6-98　齿轮油泵装配总图

第四节　爆炸视图

单击显示窗口上方【视图（前导）工具栏】中【编辑外观】图标，弹出【颜色】属性管理器，选择零件，如泵体，确定颜色，为零件添加颜色，如图 6-99（a）所示。

第六章　齿轮油泵建模 | 111

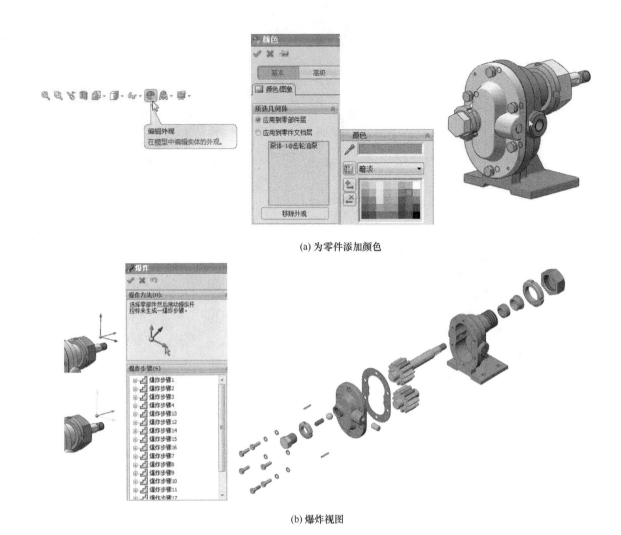

(a) 为零件添加颜色

(b) 爆炸视图

图 6-99 齿轮油泵爆炸视图

单击【装配体】中的【爆炸视图】命令，选择要爆炸的零件，在三重操纵杆控标上选定移动方向，选定方向的操纵杆控标亮显，移动控标连同零件一起放置在合适位置，生成一个爆炸步骤，逐个选择爆炸零件，生成一系列爆炸步骤，单击【确定】按钮，生成爆炸视图，如图 6-99（b）所示。

第五节　装配体工程图

齿轮油泵工程图的生成过程如下。

1. 新建工程图文件

从装配体直接生成工程图。单击菜单【文件】→【从装配体制作工程图】命令，打开【新建 Solid-Works 文件】对话框，在【我的模板】选项卡中，选择"A2 横放"模板，单击【确定】，打开【查看调色板】，将【前视】视图拖到工程图图纸中，作为主视图，再由主视图生成俯视图和左视图，选择主视图，在打开的【工程图视图 1】属性管理器中，单选【使用自定义比例】1:1，如图 6-100 所示。

也可以【新建】→【工程图】→【我的模板】，选择"A2 横放"，进入工程图绘图环境。

2. 修改视图

（1）生成全剖的主视图　右击装配体特征树中的主动齿轮轴，在弹出的快捷菜单中，选择【零部件属性】图标，打开【零部件属性】对话框，在【配置特定属性】处，选择所参考的配置，将主动齿轮轴配置添加到装配体中，如图 6-101（a）所示。

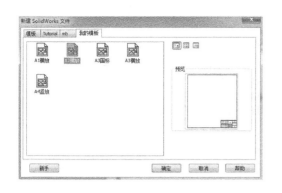  

(a) 新建SolidWorks文件　　　　(b) 查看调色板　　　　(c) 确定视图比例

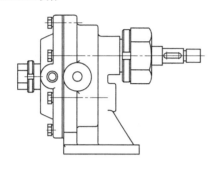 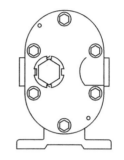

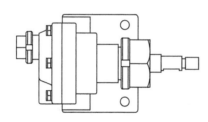

(d) 装配体视图

图 6-100　从装配体生成装配图

选择主视图，按【Delete】键，删除主视图。用【草图】工具栏中的【直线】✎工具，在左视图上，绘制通过销孔中心到对称中心的斜线及通过此中心的垂线，确定主视图的剖切位置，如图 6-101（b）所示。选择斜线，再按 Shift 选择垂线，单击【视图布局】工具栏的【剖面视图】→【旋转剖视图】，弹出【剖面视图】对话框，如图 6-101（c）。在特征设计树中，展开【工程图视图 3】（左视图），并在装配体中选择剖视图上不画剖面线的零件，如图 6-101（d）所示，单击【确定】按钮 确定 。放置并右击主视图，在弹出的快捷菜单中，选择【视图对齐】→【中心垂直对齐】，鼠标为对齐图标，单击与之对齐的俯视图，主视图与俯视图对齐，如图 6-101（e）所示。

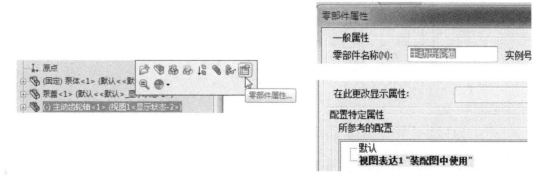

(a) 将主动齿轮轴配置添加到装配体中

图 6-101

第六章　齿轮油泵建模 | 113

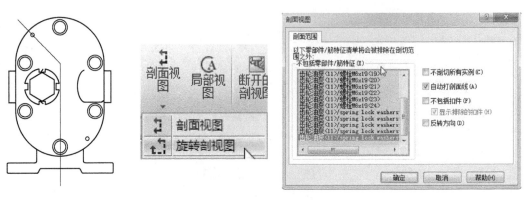

(b) 绘制剖切位置的相交直线　　　　(c) 选择【旋转剖视图】命令，打开【剖面视图】对话框

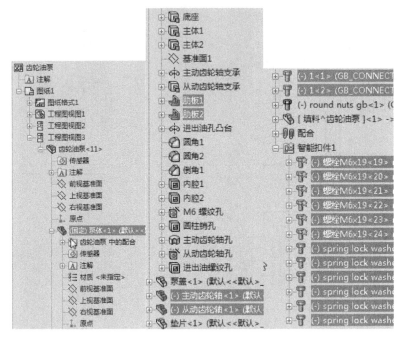

(d) 选择不画剖面线的零件

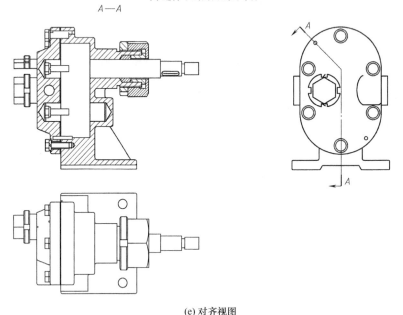

(e) 对齐视图

图 6-101　生成全剖的主视图

（2）编辑主视图　隐藏剖视图中不应显示的螺栓和圆柱销。在特征树的智能扣件中，右击要隐藏的螺栓，该螺栓在视图中显示框选，在弹出的快捷菜单中，单击【显示/隐藏】→【隐藏零部件】，该螺栓隐藏，如图 6-102（a）所示。同样方法隐藏其它零件。

114　三维机械零部件测绘

压缩倒角。打开需要简化倒角的零件，压缩倒角，如图 6-102（b）所示。有些倒角压缩后，影响到其它特征的显示，这样的倒角用隐藏边线的方法简化。

隐藏多余边线。右击要隐藏的边线，在弹出的快捷菜单中，单击图标 ，如图 6-102（c）所示。如果图形外侧要隐藏的边线较多，可以绘制封闭轮廓，利用【剪裁视图】命令，去掉多余边线，如图 6-102（d）所示。

改变螺纹旋合部分的线型。单击剖面线区域，在【区域剖面线/填充】属性管理器中，取消【材质剖

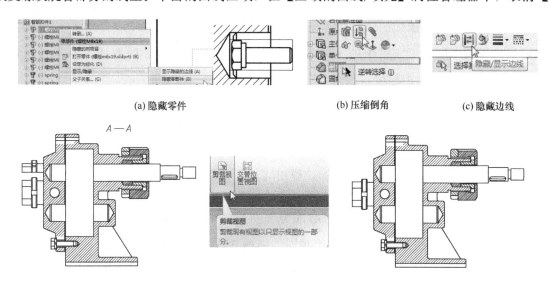

(a) 隐藏零件　　　　　　　　(b) 压缩倒角　　　　　　(c) 隐藏边线

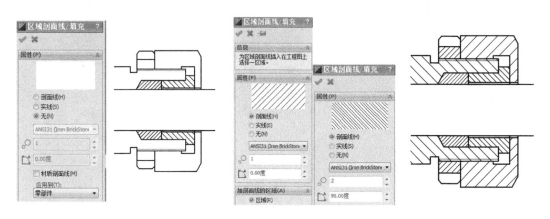

(d) 用【裁剪视图】命令去掉多余边线

(e) 旋合部分　　　　　　　　　　　(f) 填充剖面线

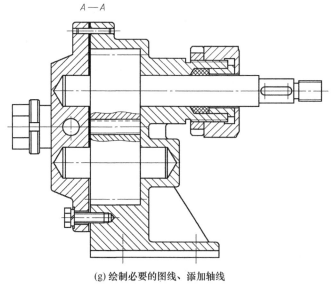

(g) 绘制必要的图线、添加轴线

图 6-102　编辑主视图

第六章　齿轮油泵建模 | 115

面线】前面复选框的勾选,在【属性】处,选择【无】,绘制旋合部分的图线,如图 6-102 (e) 所示。

填充剖面线。单击【注解】工具栏的【区域剖面线/填充】命令,打开【区域剖面线/填充】属性管理器,单选【剖面线】,选择剖面线样式、比例、角度,在【加剖面线区域】处,单选【区域】,单击需要添加剖面线的图线区域,单击【确定】图标 。同样的方法填充其它零件,注意相邻零件剖面方向相反或同向间距不等。在属性管理器中,【角度】 文本框处修改剖面线的方向,当角度为 90°时,剖面线方向与预览框中方向相反,【比例】 文本框中修改剖面线的间距,比例数值变大,剖面线间距离变小,单击剖面线的预览框,显示改变参数后的剖面线,如图 6-102 (f) 所示。

绘制图线。用【草图】工具栏中的【直线】 工具,绘制需要添加的图线。单击【注解】工具栏的【中心线】图标 ,添加轴线,如图 6-102 (g) 所示。

(3) 生成局部剖的俯视图　绘制剖切范围线。选择【工程视图 2】(俯视图) 视图,在弹出的属性管理器【显示样式】中,选择【隐藏线可见】,以便确定局部剖视图的剖切范围。单击【草图】工具栏的【样条曲线】 图标,绘制剖切范围线,如图 6-103 (a) 所示。选择剖切范围线,单击【视图布局】工具栏上【断开的剖视图】 图标,弹出【剖切范围】对话框,在特征树中选择不剖零件,如钢球和堵头,如图 6-103 (b) 所示。在打开的属性管理器中,勾选【预览】,选择【深度参考】,单击主视图中圆的边线,自动确定圆的对称中心线为剖切面的位置,或在【深度】框中输入深度数值,单击【确定】 图标,即可生成局部剖的俯视图,如图 6-103 (c) 所示。

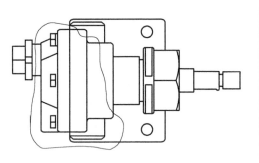
(a) 绘制剖切范围

(b) 选择不画剖面线的零件

(c) 局部剖的俯视图

图 6-103　生成局部剖的俯视图

(4) 编辑俯视图　去掉【材质剖面线】,重新添加剖面线。压缩弹簧,用折线绘制弹簧示意图。添加轴线,绘制孔的对称中心线。绘制主动齿轮轴键槽局部剖视图及需要添加的图线,如图 6-104 所示。

(5) 生成左视图　左视图有 3 个局部剖视图。

生成第 1 个局部剖视图。在左视图中,绘制剖切范围线,用【断开的剖视图】生成局部剖视图,剖切位置为泵体左端面,如图 6-105 (a) 所示。

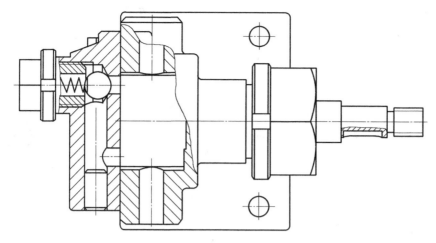

图 6-104 编辑俯视图

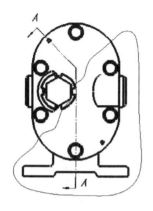  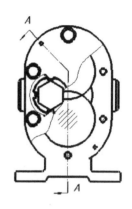

(a) 第1个局部剖视图

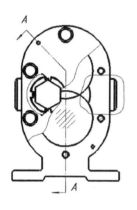 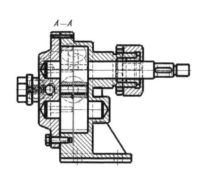  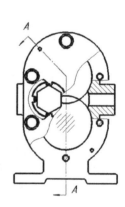

(b) 第2个局部剖视图

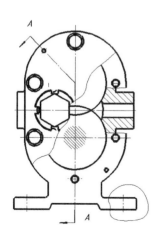 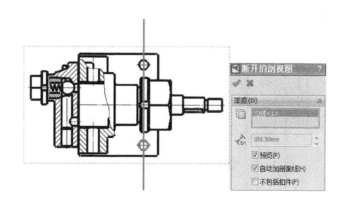 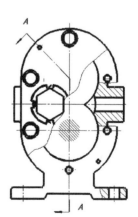

(c) 第3个局部剖视图

图 6-105 生成局部剖左视图

第六章 齿轮油泵建模 | 117

生成第 2 个局部剖视图。单击主视图，在属性管理器【显示样式】中，选择【隐藏线可见】。在左视图中，绘制剖切范围线，单击【视图布局】工具栏上【断开的剖视图】图标，弹出【剖切范围】对话框，在特征树中选择不剖零件，如主动齿轮轴和从动齿轮轴。在打开的属性管理器中，勾选

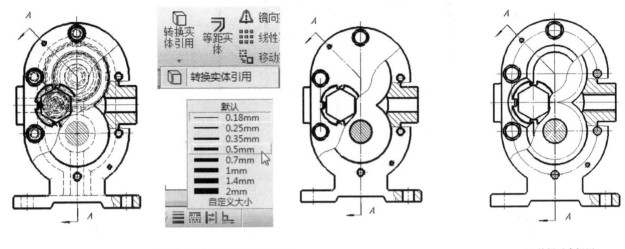

(a) 用【转换实体引用】绘制图线　　　　　　　　　　　　　(b) 编辑后左视图

图 6-106　编辑局部剖左视图

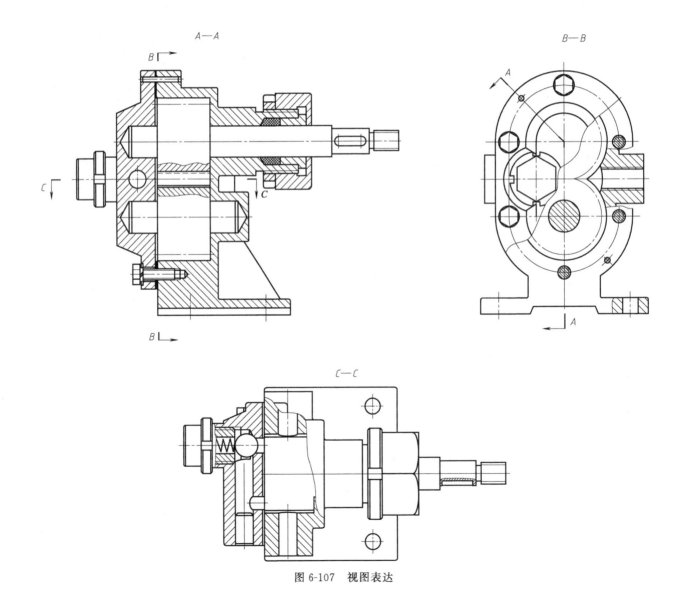

图 6-107　视图表达

【预览】,在主视图中,单击确定剖切位置的虚线圆,确定剖切位置,单击【确定】✔图标,生成局部剖视图,如图 6-105(b)所示。

生成第 3 个局部剖视图。在左视图中,绘制剖切范围线,用【断开的剖视图】生成局部剖视图,剖切位置为底板孔对称中心线处,如图 6-105(c)所示。

(6) 编辑左视图　单击左视图,在弹出的属性管理器【显示样式】中,选择【隐藏线可见】。在左视图中,选择主动齿轮轴的圆,单击【草图】工具栏上的【转换实体引用】,将圆转换成图纸上的图线,单击【线型】工具栏的【线粗】,选择图线宽度 0.5mm,同样的办法转换需要转换的图线,隐藏多余边线,如图 6-106(a)所示。

压缩铸造圆角,左视图显示凸台面交线。添加【中心线】,绘制对称中心线,如图 6-106(b)所示。

(7) 添加剖切符号及标注　在主视图泵体左端面上下位置,绘制 B—B 剖切线和箭头,在左视图上方,添加"B—B"标注。在主视图进出油孔轴线位置,绘制 C—C 剖切线和箭头,在俯视图上方,添加"C—C"标注,如图 6-107 所示。

3. 标注尺寸

(1) 标注配合尺寸　单击【注解】工具栏上的【智能尺寸】按钮 ◈,标注尺寸,并在【尺寸】属性管理器中,选择【公差类型】为"套合",【分类】为"用户定义";选择【孔套合】和【轴套合】公差带代号;选择配合代号显示样式,如图 6-108(a)所示。

(2) 标注其它尺寸　如图 6-108(b)所示。

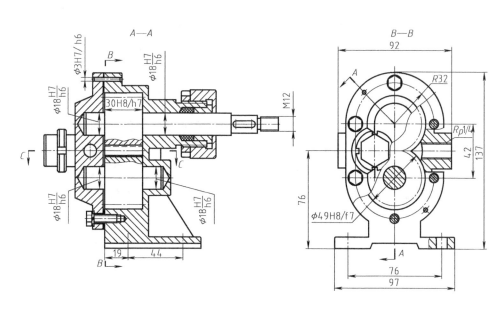

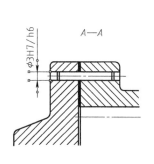

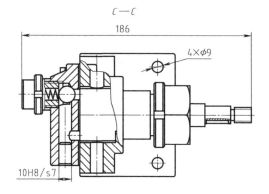

(a) 标注配合尺寸　　　　　　　　　　　　　　(b) 标注其它尺寸

图 6-108　尺寸标注

第六章　齿轮油泵建模

4. 填写技术要求

单击【注解】工具栏上的【注释】命令，填写技术要求。

5. 插入材料明细表

单击【注解】工具栏上【表格】中的【材料明细表】图标，或单击【插入】→【表格】→【材料明细表】选项，在图形区域选择一工程视图作为生成材料明细表指定模型，在弹出的【材料明细表】属性管理器中的【表格模板】区域显示默认的"材料明细表模板"，单击【确定】图标，材料明细表插入到图纸中，如图 6-109 所示。

(a) 属性管理器　　　　　　　　　　(b) 材料明细表

图 6-109　插入材料明细表

6. 添加零件序号

（1）插入序号　单击【注解】工具栏上的【零件序号】图标，弹出【零件序号】属性管理器，在【零件序号设定】区域中，设置【样式】为"下划线"，【大小】为"2个字符"，【零件序号文字】为"项目数"，如图 6-110（a）所示。单击装配体中的一个零件，确定引线起点的位置，在适当位置再单击左键确定引线的放置位置，此时下划线上自动添加零件序号。用同样的方法依次添加其它零件的零件序号。当有对齐关系时，自动出现对齐路径，对齐放置序号，序号添加完毕后，单击【确定】图标。零件序号与零件在装配体中的插入顺序有关。当引线指向面时，引线端点为小圆点，当引线指向线时，引线端点为箭头。

 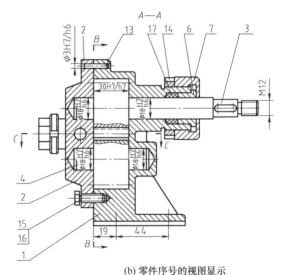

(a) 单个零件和成组的零件序号　　　　(b) 零件序号的视图显示

图 6-110　零件序号

螺栓和弹簧垫圈的序号，可以用【成组的零件序号】添加。单击【插入】→【注解】→【成组的零件序号】选项，弹出【成组的零件序号】属性管理器，设置各选项，单击【确定】图标，添加成组的零件序号，如图 6-110（a）所示。零件序号的视图显示，如图 6-110（b）所示。

（2）修改零件序号　双击零件序号，在文本框中更改序号，使零件序号按着顺时针或逆时针方向整齐排列，如图 6-111（a）所示。对于弹簧序号的更改，须选择【零件序号】属性管理器中【零件序号文字】中的"文字"，并在其下面框内填入序号数字，如图 6-111（b）所示。

当【零件序号】属性管理器中【零件序号文字】为"项目数"时，更改零件序号，材料明细表中的序号会相应更改。

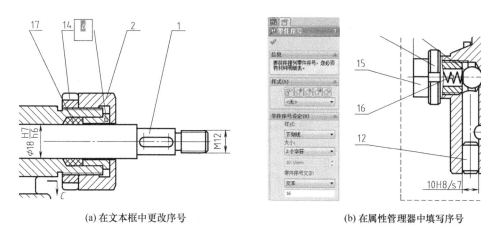

(a) 在文本框中更改序号　　(b) 在属性管理器中填写序号

图 6-111　更改零件序号

7. 编辑材料明细表

调整个别序号，如弹簧。弹簧是按示意图绘制的，所以明细表中显示的弹簧序号不准，需要更改序号。双击弹簧的序号，将原序号改为图纸中的序号。

排序。右击材料明细表的【项目号】列，从弹出的快捷菜单中选择【排序】，在弹出的【分排】列表框中，【分排方式】为"项目号""升序"，材料明细表可以根据选择重新排序，如图 6-112（a）所示。

改变表格标题位置。单击表格，在弹出的编辑框中，单击【表格标题在上】或【表格标题在下】图标，改变表格标题位置，如图 6-112（b）所示。

移动行或列。单击材料明细表某行左端的行号，选择行，按住鼠标上下拖动，可以移动行。单击材料明细表某列顶部的列号，选择列，按住鼠标左右拖动，可以移动列。

(a) 将项目号重新排序　　(b) 改变表格标题位置

图 6-112

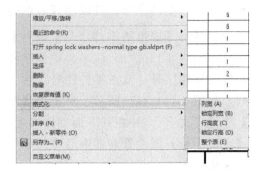

(c) 调整表格

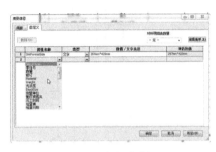

(d) 装配图中列属性　　　　　　　　　　　(e) 零件属性

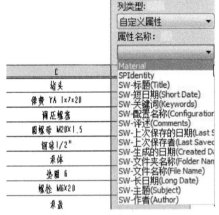

(f) 零件材料属性　　　　　　　　　　　　(g) 修改文字

17	CLYB-09	堵头	35	1			
16	GB/T 2089—2009	弹簧 YA 1×7×20	45	1			
15	CLYB-07	调压螺塞	Q235	1			
14	GB/T 810—1988	圆螺母 M20×1.5	45	1			
13		钢球 1/2"	40C	1			
12	CLYB-02	泵体	HT200	1			
11	GB/T 93—1987	垫圈 6	65Mn	6			
10	GB/T 5782—2016	螺栓 M6×20	Q235	6			
9	CLYB-01	泵盖	HT200	1			
8	CLYB-04	从动齿轮轴	45	1			$m=3.5, z=12$
7	CLYB-05	垫片	工业用纸	1			
6	GB/T 119.1	圆柱销 3m6×20	35	2			
5		填料	石棉				
4	GB/T 810—1988	圆螺母 M36×1.5	45	1			
3	CLYB-08	填料压盖	Q235	1			
2	CLYB-06	压紧螺母	Q235	1			
1	CLYB-03	主动齿轮轴	45	1			$m=3.5, z=12$
序号	代号	名称	材料	数量	单重	总重	备注

(h) 填写表格　　　　　　　　　　　　　　　　　　　　　　　(i) 调用模板

图 6-112　编辑材料明细表

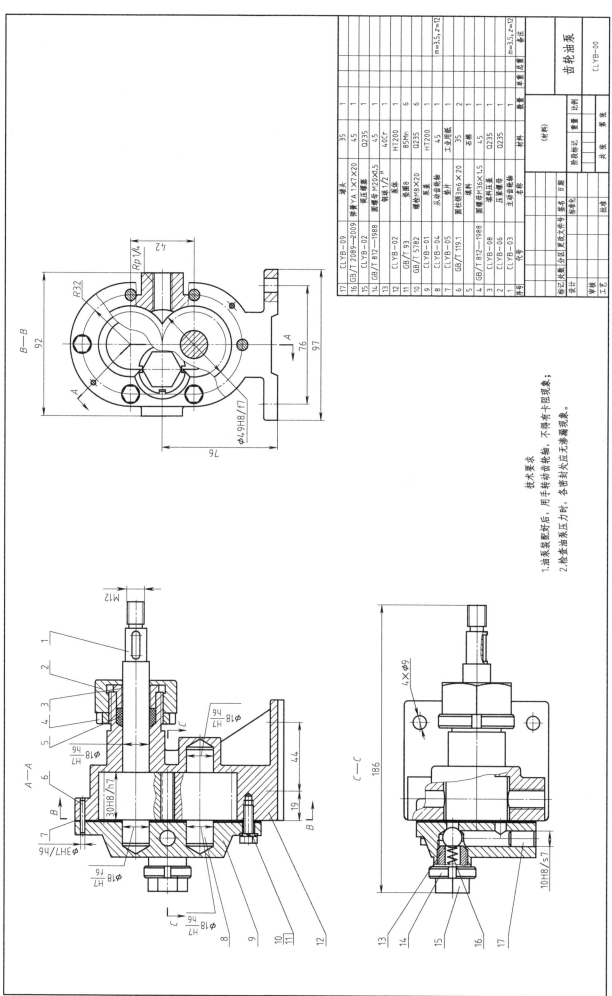

图 6-113 齿轮油泵装配工程图

调整表格。右击材料明细表，从弹出的快捷菜单中选择【插入】，可插入行或列，在插入列时，还可以为插入的列添加属性，如图 6-112（c）所示。从弹出的快捷菜单中，单击【选择】，可选择行、列或表；单击【删除】，可删除行、列或表；单击【分割】，可分割表；单击【合并】，可合并表；单击【格式化】，可对行高、列宽或表格进行编辑，也可以选择行线，上下拖动改变行距；选择列线，左右拖动改变列宽。

添加列属性。单击【标准】工具栏上的【文件属性】图标，或单击【文件】→【属性】，打开【摘要信息】对话框，在【自定义】选项卡【属性名称】处，选择要添加的列属性，如 Material，如图 6-112（d）所示。打开零件，右击【特征树】→【材质】→【编辑材料】，打开【材料】对话框，选择零件材料，还可以添加新材料。添加零件属性，如 Material，在【摘要信息】对话框，在【自定义】选项卡【类型】处为文字，【数值/文字表达】处，输入"HT200"，【评估的值】显示"HT200"，如图 6-112（e）所示。单击材料明细表，选择材料列，在弹出的明细表编辑框中，单击列属性图标，在弹出的编辑框中，【列类型】处选择【自定义属性】，【属性名称】处选择【Material】，此时零件的材料属性链接到装配图明细表的"材料"列中，如图 6-112（f）所示。

修改文字。双击材料明细表中的文字，可以修改文字的内容，例如双击【项目号】，将其改为【序号】，同样方法修改其它文字，如图 6-112（g）所示。

对齐表格。将材料明细表的右下角点定位在标题栏的右上角点处，单击明细表的左下角，拖动表格，使之与标题栏对齐。

填写表格其它内容，如图 6-112（h）所示。

保存模板。编辑材料明细表使之符合国标后，右击材料明细表，从弹出的快捷菜单中，选择【另存为】，在【另存为】对话框中选择路径，输入文件名，如"材料明细表"，【保存类型】选择"模板（*.sldbomtbt）"，单击【保存】按钮，则生成"材料明细表.sldbomtbt"文件。在生成新的材料明细表时，可以调用该模板文件，如图 6-112（i）所示。

8. 保存文件

完成工程图，如图 6-113 所示，保存文件。

参考文献

[1] 王春华,郭凤,关丽杰,等. 现代工程图学 [M]. 北京:中国石化出版社,2012.
[2] 曹喜承,祝娟,王妍,等. 工程制图 [M]. 北京:中国石化出版社,2018.